【现代种植业实用技术系列】

黄精
优质高效栽培
与加工技术

主　　编　　鲍康阜　　程江华

编写人员　　鲍康阜　　程江华　　吴振东

　　　　　　朱　勤　陈伟民

时代出版传媒股份有限公司

安徽科学技术出版社

图书在版编目（CIP）数据

黄精优质高效栽培与加工技术 / 鲍康阜,程江华主编.--合肥:安徽科学技术出版社,2021.12
助力乡村振兴出版计划.现代种植业实用技术系列
ISBN 978-7-5337-8551-2

Ⅰ.①黄… Ⅱ.①鲍…②程… Ⅲ.①黄精-栽培技术②黄精-中药加工 Ⅳ.①S567.21②R282.71

中国版本图书馆 CIP 数据核字(2021)第 267991 号

黄精优质高效栽培与加工技术　　　　　　　主编　鲍康阜　程江华

出 版 人：丁凌云　选题策划：丁凌云　蒋贤骏　王筱文　责任编辑：李志成
责任校对：岑红宇　责任印制：梁东兵　　　　　　　　装帧设计：王 艳
出版发行：时代出版传媒股份有限公司　http://www.press-mart.com
　　　　　安徽科学技术出版社　　　　　http://www.ahstp.net
　　　　　(合肥市政务文化新区翡翠路 1118 号出版传媒广场,邮编:230071)
　　　　　电话：(0551)63533330
印　　制：合肥华云印务有限责任公司　　电话:(0551)63418899
(如发现印装质量问题,影响阅读,请与印刷厂商联系调换)

开本：720×1010　1/16　　　印张：9　　　字数：100 千
版次：2021 年 12 月第 1 版　　　2021 年 12 月第 1 次印刷

ISBN 978-7-5337-8551-2　　　　　　　　　　定价：32.00 元

出版说明

"助力乡村振兴出版计划"(以下简称"本计划")以习近平新时代中国特色社会主义思想为指导,是在全国脱贫攻坚目标任务完成并向全面推进乡村振兴转进的重要历史时刻,由中共安徽省委宣传部主持实施的一项重点出版项目。

本计划以服务区域乡村振兴事业为出版定位,围绕乡村产业振兴、人才振兴、文化振兴、生态振兴和组织振兴展开,由《现代种植业实用技术》《现代养殖业实用技术》《新型农民职业技能提升》《现代农业科技与管理》《现代乡村社会治理》五个子系列组成,主要内容涵盖特色养殖业和疾病防控技术、特色种植业及病虫害绿色防控技术、集体经济发展、休闲农业和乡村旅游融合发展、新型农业经营主体培育、农村环境生态化治理、农村基层党建等。选题组织力求满足乡村振兴实务需求,编写内容努力做到通俗易懂。

本计划的呈现形式是以图书为主的融媒体出版物。图书的主要读者对象是新型农民、县乡村基层干部、"三农"工作者。为扩大传播面、提高传播效率,与图书出版同步,配套制作了部分精品音视频,在每册图书封底放置二维码,供扫码使用,以适应广大农民朋友的移动阅读需求。

本计划的编写和出版,代表了当前农业科研成果转化和普及的新进展,凝聚了乡村社会治理研究者和实务者的集体智慧,在此谨向有关单位和个人致以衷心的感谢!

虽然我们始终秉持高水平策划、高质量编写的精品出版理念,但因水平所限仍会有诸多不足和错漏之处,敬请广大读者提出宝贵意见和建议,以便修订再版时改正。

本册编写说明

黄精是百合科黄精属植物干燥根茎的总称。2020版《中国药典》收录的黄精原生药来源于黄精、滇黄精和多花黄精三个种。黄精富含黄精多糖、维生素、氨基酸等活性物质和多种微量元素,具有补气养阴、健脾、润肺、益肾等功效,是一种使用范围广的传统药食同源植物。《名医别录》中记载:"(黄精)主补中益气,除风湿,安五脏,久服轻身,延年不饥。"现代医学研究认为,黄精有增强免疫力、抗衰老、抗肿瘤和降低"三高"等多种功效。在全民大健康战略背景下,黄精逐渐成为健康美食市场的宠儿。其中尤以环九华山地区出产的多花黄精为精品,九华黄精的营养与药用价值极高,是"十大皖药"之一。民间素有"北有长白人参,南有九华黄精"的说法。

随着黄精消费市场的扩大,野生资源越来越不能满足加工的需求,黄精原料价格大幅攀升,各地掀起种植黄精的热潮。黄精产业的发展不仅壮大了当地的特色经济,也为农民脱贫致富和乡村振兴做出了重大贡献。

由于黄精产业近年才开始兴起,虽然已经有一些人文历史、生物学特性、药理和加工应用等方面的论文和书籍,但是在系统介绍黄精的种苗繁育、栽培、病虫草害防治和加工方面的书籍较为缺乏,不能很好满足目前黄精种植、加工人员对相关知识和技术的需求,因此作者结合多年来在九华黄精的种植、加工等方面的实践和经验,同时参考各地研究成果以及黄精种植中的成功经验,将黄精的种苗繁育、规范化栽培和产地初加工技术要点进行整理,尤其是对广大种植户迫切需求的病虫草绿色防控技术做了重点介绍,对黄精的高效栽培及加工具有一定的指导性、实用性和可操作性。

目　　录

第一章 ▶ 多花黄精的特征

▶ 第一节 多花黄精的形态特征

多花黄精为百合科多年生草本植物,根状茎横走、肥厚,通常根状茎为结节状的念珠形、竹鞭形或姜形,直径1～2厘米。茎高50～100厘米,通常具10～15枚叶。叶互生,椭圆形、卵状披针形至矩圆状披针形,长10～18厘米,宽2～7厘米,先端尖至渐尖。花序具(1–)2～7(–14)花,伞形,总花梗长1～4(–6)厘米,花梗长0.5～1.5(–3)厘米;苞片微小,位于花梗中部以下,或不存在;花被黄绿色,全长18～25毫米,裂片长约3毫米;花丝长3～4毫米,两侧扁或稍扁,具乳头状突起至具短绵毛,顶端稍膨大乃至具

图1-1 多花黄精的花

囊状突起,花药长3.5～4毫米;子房长3～6毫米,花柱长12～15毫米。浆果黑色,直径约1厘米,具3～9颗种子。花期在5—6月份,果期在8—10月份。黄精种子呈圆珠形,质地坚硬,种脐明显,呈深褐色,千粒重33克左右。如图1-1至图1-4所示。

图1-2　多花黄精的果实

图1-3　多花黄精的根状茎

图1-4　多花黄精的植株

▶ 第二节　多花黄精的生物学特性

多花黄精耐寒,喜温暖,畏炎热,忌强光,怕旱又怕涝(渍)。在气温20～30摄氏度时生长发育良好,超过37摄氏度的高温和强日照辐射会造成叶片灼伤。田间积水时间超过48小时会导致根系渍害,甚至根状茎腐烂。多花黄精种子有自然休眠特性,种子发芽的适宜温度为25~27摄氏度,低于25摄氏度时不萌发。低温沙藏和变温沙藏有利于打破种子休眠,缩短发芽时间,提高发芽率和整齐度。室温干燥下贮藏的种子发芽率低。

多花黄精分布于浙江、福建、河南、江苏、安徽、江西、贵州等省区。常生于山地林下、灌丛或山坡的半阴处,在人工粗放经营的毛竹林、杂木林中自然分布较多。多花黄精最适宜在200～800米的低中海拔的凉爽的山地、疏林下栽培。

多花黄精在江淮地区一年中生长发育时期如下:

(1)营养生长期:3月中下旬顶芽开始萌动出土,到4月中旬茎秆和叶

片全部展开,4月下旬花蕾出现,包括萌动期→芽苞期→茎叶生长期。

(2)营养生长和生殖生长并进期:从5月上旬到6月上旬,植株生长旺盛,包括现蕾期→初花期→盛花期→终花期。

(3)生殖生长期:从6月上中旬到10月上中旬,开花结果到果实成熟,包括终花期→结果期(果实膨大充实)→果实成熟期。

(4)休眠过渡期(收获期):从10月下旬黄精地上部分停止生长到翌年春季芽头萌动前。

▶ 第三节　九华黄精的特征

九华黄精,是生长在青阳县、九华山地区的多花黄精生态类型。主要特点:植株较矮小,株高一般在100厘米以下;叶形为卵圆形或卵状披针形;根状茎肥厚,结节状念珠形、竹节形或姜形,直径1.5～2.5厘米。如图1-5至图1-8所示。

图1-5　"九华黄精1号"的叶片

图1-6 "九华黄精1号"的根状茎

图1-7 "九华黄精2号"的叶片

图1-8 "九华黄精2号"的根状茎

　　青阳县和环九华山地区是多花黄精的最适生区。生长在九华山地区的多花黄精，在独特的地理、气候和良好生态环境的综合作用下，产品质量好，营养和药用价值高，受到国内中医药界的普遍推崇。2016年以来，"九华黄精"先后获得"地理标志产品保护""国家地理标志证明商标""农产品地理标志"等证书，至此"九华黄精"名扬海内外。

第二章 ▶ 黄精的种苗繁育

在当今全民关注健康和国家致力于乡村振兴的背景下,黄精的药用、食用和观赏等方面的价值逐渐被挖掘出来,也直接促进了黄精这种中国古老药材、食材的开发和利用,黄精产业进入快速发展阶段。与此同时,传统的采挖野生资源的方式越来越不能满足市场需求,反而会破坏优质野生资源,从而给黄精的保护、开发和利用带来不可逆转的影响。因此,必须建立快速有效的种苗繁育技术体系,优化人工栽培技术规范,实现规模化种植,只有这样才能有效改善黄精市场供求矛盾,满足消费者对黄精产品的需求。黄精的种苗繁育方式有种子繁殖(有性繁殖)、根状茎繁殖、组织培养(无性繁殖)3种。

▶ 第一节　种子繁殖

黄精的种子繁殖属于有性繁殖,其特点是繁殖系数大、成本低、育苗周期较长、后代变异较大。黄精的种子繁殖,对黄精品种选育和杂交育种具有重要意义。

一 选种、采种

选择生长健壮、性状基本一致、无病虫害的3~4年生植株留种。要加强田间管理,防治好病虫害,保证果实充分发育成熟。秋季浆果由青色变为青褐色时采摘,置于编织袋中保湿发酵,待果肉软化后,反复揉搓果实，放入孔径8毫米左右的筛箩中淘洗去掉果肉皮壳，取得黄精干净种子，室内晾干，沙藏处理。

　　黄精种子存在综合休眠现象，在自然条件下萌发率极低，主要原因包括种胚生理后熟、种皮细胞排列紧密、角质化程度高、种皮透性差、种子内含有萌发抑制物等。目前，打破种子休眠主要采用物理处理和化学处理两种方法。物理处理方法包括对种子进行碾破种皮处理或变温处理、层积沙藏处理等，以克服休眠障碍，提高种子发芽率。化学处理方法是采用150～200毫克/升浓度的赤霉素或细胞分裂素浸种处理12～24小时，再进行沙藏，利用植物生长刺激素打破黄精种子的自然休眠，提高当年种子出苗率。如图2-1至图2-3所示。

图2-1　多花黄精的果实

图2-2　多花黄精的种子

图2-3　黄精发芽种子

二 沙藏

沙藏方法:在院落地势较高、避风向阳处挖一深40厘米、长和宽各为40~50厘米的深坑。将种子与50%多菌灵可湿性粉剂按100:1的比例拌匀,再将种子与干净的细河沙按1:3的比例混拌均匀,河沙湿度以沙粒表面有水膜为度。先在坑底铺一层8~10厘米厚的湿沙,再将混种的湿沙放入坑内,然后用细沙覆盖,保持坑内沙子潮湿,最上面铺塑料编织布防水。室内沙藏可在水泥地坪上用砖块垒一个长和宽各为1~2米、深0.8米的贮藏池,池底先铺一层8~10厘米厚的湿沙,再将种子与干净的细河沙按1:3的比例混合堆放,厚度在30厘米左右,上面再盖一层20厘米厚的湿河砂,最上面覆盖一层塑料编织布。有条件的,可将拌好沙的种子采用聚苯乙烯泡沫箱直接保藏,箱子大小与贮种量以人工能搬动为宜。要经常注意检查,防止落干和鼠害。

三 苗床选择

黄精种子育苗可以在林地、大田或设施大棚内进行。林地育苗应选择缓坡林下,有一定自然遮阴条件,壤土或沙壤土,有机质丰富、杂草少的地块作为苗圃地。大田育苗应选择排灌方便,壤土或沙壤土,有机质丰富、土壤肥力较高、杂草较少的地块作为苗圃地。大棚育苗要使用遮阴网,采用营养钵基质(无病菌营养土)育苗。

四 整地、播种

先将土壤深翻30厘米以上,再将优质腐熟农家肥按4 000千克/亩(1亩≈666.7平方米)或45%硫酸钾复合肥按30~40千克/亩均匀施入,再深翻一次,使肥、土充分混合,再耙细、整平后做畦。

春季惊蛰前后种芽开始萌动(破胸露白)时取出沙藏种子,直接播种。

可采用条播、撒播或穴播等方法进行播种。

1.条播

在整好的苗床上按沟距15厘米开沟,深3~5厘米,将种子均匀播入沟内,种子间距离2~3厘米,覆盖细土2.5~3厘米,稍加压实。如图2-4至图2-10所示。

图2-4 黄精种子条播

图2-5 黄精条播播种情况

图2-6　播种当年未出土黄精芽苗

图2-7　黄精条播第二年出苗情况

图2-8　二年生种子育苗根状茎(播种后第三年秋)

图2-9　黄精条播第三年黄精苗

图2-10　黄精种苗基地

2.撒播

将苗床土壤整细整平,畦沿稍高,再将种子均匀撒在畦面,种子间距离2～3厘米,然后覆盖细土2.5～3厘米。

3.穴播

营养钵基质育苗采用穴播方式,每钵2～3粒种子。

黄精田间播种结束后畦面覆盖芦苇秆、芭茅草(五节芒、荻、斑茅等)、遮阳网等,如图2-11所示,以保湿、控草、防止水土流失。

图2-11　黄精种子育苗地覆草

五 苗圃管理

黄精种子有自然休眠现象。在自然情况下，播种后当年出苗率不到10%。种子萌发形成的初生根状茎，顶芽不出土，生长停止，进入休眠状态。次年出苗率才能有80%～90%。苗圃地播种当年要注意做好清沟排水和除草工作，防止牲畜践踏。第二年春季出苗后要注意加强管理，适度间苗，及时拔草，防止草荒，追施稀薄肥水或沼液；防治好地下害虫和红蜘蛛等，促使幼苗健壮生长。大田育苗应搭建遮阴棚。8月下旬，高温时段结束后，可拆除遮阴棚，促进黄精小苗光合积累。一般要经过4～5年才能育成大规格商品苗。

▶ 第二节 根茎繁殖

根茎繁殖是黄精的传统繁殖方法。该方法的优点是育苗周期短、成本低、技术含量不高，目前生产中多采用这种方式。

在留种田选择生长健壮、性状基本一致、无病虫害的植株作为留种株，在秋冬季或早春采挖时截取带芽头的根状茎作为种苗（1芽2～3节最好）。用50%多菌灵300倍稀释液浸渍种苗30分钟或用草木灰处理切口，晾干后栽种。种茎选好后要及时栽植，若不能立即栽种，要摊开存放或沙藏、假植，严禁大量堆放在一起，防止发热霉烂。

▶ 第三节 组织培养

近年来，随着黄精的食药用价值被不断开发，尤其在功能食品和老年疾病预防等方面的应用，市场对黄精的需求越来越大，野生资源已无法

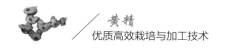

满足市场需求。采挖野生种,然后驯化繁殖作为家种,再切块分株繁殖的传统种植方式,不仅用种量大,而且经过多代繁育后,因病毒累积,极易导致种性退化,从而影响黄精的产量和品质。因此,优质黄精种苗来源成为人工规模化种植的主要瓶颈。

组织培养是指利用植物细胞的全能性,通过无菌操作将植物体的各类结构材料——外植体(根尖、茎段、茎尖、幼叶、幼胚、花药等)接种于人工配制的培养基上,在人工控制的环境条件下进行离体培养的技术与方法。植物组织培养技术的优点有:生长周期短,繁殖率高;能脱除植物体内积聚的病毒,较好地保持植物本身种性;培养条件可以人为控制;管理方便,有利于工厂化生产和自动化控制等。因此,植物组织培养技术在生产上得到了广泛应用,包括快速繁殖、培育无毒种苗、选育新品种、人工种子等。植物组织培养技术对繁殖系数低和经济价值高的植物种苗繁育具有重要意义。

植物组织培养育苗技术在石斛、兰花、百合、白及、马铃薯、甘薯等作物上都取得成功,产生了良好的经济效益和社会效益。黄精是我国重要的药食同源植物之一,近年来随着市场需求激增、政府重视、地方特色产业发展需要,其规模化人工栽培势在必行,快速繁殖多花黄精优质种苗是规模化栽培的前提。利用植物组织培养技术建立黄精快速繁殖体系是生产品种性状一致、优质无毒种苗的有效途径。

黄精组织培养技术流程大致如下:

 材料

黄精的带芽根茎或种子苗等。

二 方法

1.外植体清洗与表面灭菌

（1）将黄精根茎从土中挖出，洗去泥土。用快刀切取根茎的芽头部分，置洗洁精水溶液中浸泡5分钟，然后用自来水冲洗干净。

（2）用75%乙醇溶液清洗表面，再用自来水冲洗干净。

（3）用洗洁精水溶液浸泡5分钟，再用自来水冲洗60分钟。

（4）75%乙醇溶液浸渍30秒，灭菌去离子水涮洗2次 → 2.5%次氯酸钠溶液浸渍5分钟，灭菌去离子水涮洗2次（重复此步骤1次）→ 2.5%次氯酸钠溶液浸渍5分钟，灭菌去离子水涮洗5次→芽块用无菌滤纸吸干水分，准备接种。

2.不定芽的诱导培养

将消毒好的黄精芽块切成直径3毫米大小，接种到添加适宜浓度的6-BA、萘乙酸（NAA）、2,4-D等外源激素的MS培养基中，诱导不定芽产生。

如果以种子苗作为繁殖材料，可选取大小一致、生长健壮、没有污染的黄精壮苗，在无菌条件下切除须根、地上茎和叶，将切好的根状茎接种到含6-BA、2,4-D、苯噻隆（TDZ）等外源激素的MS培养基中，进行继代培养。再将大小一致、生长健壮、没有污染的小芽种球切成直径3毫米大小块状作为增殖材料，接种到含有6-BA、TDZ、NAA等外源激素的培养基中进行增殖培养，诱导不定芽产生。

3.不定芽的增殖与壮苗培养

将黄精不定芽接种到添加适宜浓度的6-BA、NAA、2,4-D、GA$_3$等外源激素的MS培养基中进行培养，以获得大量健壮的黄精再生苗。

4.试管苗生根培养

将黄精再生苗接种到加入了适宜浓度的6-BA、2,4-D、IBA等外源激

素的MS培养基中(广口瓶),促进试管苗生根。

以上培养基均附加3%的糖、0.5%琼脂,pH为5.8~6.0,在0.11兆帕压力、121摄氏度下灭菌20分钟。培养条件为25摄氏度左右、1 600流明、连续光照12小时/天。

5.炼苗移栽

将已生根的黄精瓶苗开盖敞口炼苗3天,然后取出用自来水洗去琼脂,栽种到基质(珍珠岩与蛭石2∶1混合)中。每隔7天施用1次营养液,促进幼苗生长。

黄精组织培养快繁技术成功的关键在于外植体的选择、彻底的灭菌和严格的无菌操作、合适的培养基和规范化的管理。

第三章　黄精的人工栽培

中药黄精具有补气养阴、健脾、润肺、益肾等功效。现代医学研究认为，黄精有抗衰老、增强免疫力、抗肿瘤和降低"三高"等多种功效。随着人们对黄精研究的不断深入，其营养保健价值逐渐广为人知，市场需求迅速增加，天然野生黄精资源已经远远不能满足生产加工的需求。因此，黄精的人工栽培技术已成为广大黄精种植户的迫切需求。

▶ 第一节　黄精的大田栽培

一　选地与整地

1.选地

除地势低洼、易积水内涝的圩畈区外，其他地区均可种植黄精。以水源条件较好、湿润肥沃的林间地、林缘地或山地、退耕还林地最为合适。

林下种植以中、下坡位林地最好。山顶和上坡位土壤贫瘠，土层较浅，水肥条件较差，不利于黄精自然生长。

林下透光率以50%～70%为宜。生产上常出现林下黄精越长越小的情况，其主要原因是，林木幼苗期林下光照充足，黄精生长良好，3年后由于林木生长，林下荫蔽度逐渐加大，光照不足，导致黄精光合积累渐少，根状茎越长越小。因此，维持一定的光照是黄精高产优质的必要条件。

黄精为须根系浅根植物，林下间作以直根系（深根）的阔叶林为宜，防

止林木争夺表层土壤的水、肥资源;以土质肥沃、疏松,富含腐殖质的壤土或沙壤土种植为宜。黏重的土壤雨季易产生渍害,采挖时难以清除泥土,加工时不易清洗干净。铅、镉、汞、铬、砷等重金属、有毒有害物质超标的土壤不宜栽培。坡度大于35度的林地不宜垦挖种植,否则水土流失严重。

黄精不宜在采摘林果园套种,至少不能在黄精旺盛生长季节采摘果实、花蕾等,否则采摘活动极易损伤黄精地上茎叶,导致死亡或减产。

2.整地

大田种植要求将土壤深翻30厘米以上,水稻土栽培要求深翻50厘米以上,打破犁底层。山坡地应依等高线筑梯地作畦,以防止水土流失。优质腐熟农家肥按4 000千克/亩均匀撒施,再深翻1次,使肥、土充分混合,再耙细、整平后作畦。一般畦面宽1.2米,畦长据地块大小确定,不宜过长,畦面高出畦沟15～20厘米。开好"三沟",做到沟沟相通,排水通畅。

二 栽种

1.种植时间

黄精的种植应当在种芽萌动前进行,否则会损伤种芽或茎叶,影响当年生长。栽种时间:秋栽在10—11月份,春栽在2月上中旬。秋栽优于春栽,秋栽黄精萌发出土早,长势旺。

2.种植方法与密度

在靠畦沟一边,按沟距35～40厘米、深13～15厘米开种植沟,种植沟内按株距30厘米左右放置种苗,每亩4 000～6 000株,芽嘴排列偏向荫蔽植物一侧,注意将茎痕朝上。盖细土与畦面齐平。若土壤干旱可浇水1次,上面再覆盖腐熟的锯木屑、食用菌废料或粉碎的农作物秸秆5～8厘米。如图3-1至图3-3所示。

图3-1　开种植沟

图3-2　种植沟内栽种黄精种茎

图3-3　黄精大田种植

三 田间管理

1.套种与遮阴

黄精为喜阴植物,黄精田套种玉米、高粱、向日葵等高秆作物,不仅可以对黄精遮阴庇护,有利于黄精生长,还能增加经济效益。大田设施栽培可采用遮阴网覆盖遮阴,遮阴网透光率50%～70%。一般可按长、宽各4～5米的距离打穴立柱,立柱材质可因地制宜,采用木制或水泥预制件,立柱的长度为2.5米、直径为10～12厘米,立柱入土深度为40～50厘米,柱与柱的顶部用镀锌铁丝(钢丝)固定,两端的柱子要用铁丝拴牢,并用斜拉桩打入土中固定。将遮阳网通过眼圈穿在拉好的铁丝上,以便于收拢或拆除。遮阳网在立柱处固定。7月中旬到8月底是遮阴的关键时段,一般处暑后即可撤去遮阳网,以促进黄精光合积累。

2.中耕、除草、覆草

每年的 4、6、9月份各除草1次,结合中耕进行清沟、培土、追肥。春季和雨季结束后要结合清沟,对因雨水冲刷裸露在外的黄精根茎进行培土壅根。黄精根系分布较浅,中耕、除草不宜过深,以免损伤根系。

夏季田间保留少量低矮杂草,可减轻地面高温对叶片和根茎的灼伤,利于黄精安全度夏。

畦面覆草不仅可抑制杂草生长,避免水土流失,保持土壤水分和养分,改善土壤环境,还能提高黄精产量和品质。山区分布较广的芭茅草和粉碎的稻草、麦秆及油菜籽壳、谷壳等均可作为覆盖物利用。

3.施肥

黄精施肥以有机肥为主,配合少量化肥和微量元素肥料。有机肥包括充分腐熟的农家肥、作物秸秆堆肥、商品有机肥、生物菌肥(有机肥)和沼气渣肥、液肥及食用菌废菌棒、菜籽饼肥等。山区可采用砍青、埋青覆盖的方式增加土壤有机质。化肥采用硫酸钾、三元素复合肥、磷酸二氢钾等。禁止使用工业垃圾和城市垃圾肥。在4、9月份结合中耕培土各追肥1次,最好在黄精行间开沟施肥,然后覆土。每亩可沟施优质有机肥1 500千克或菜籽饼肥100千克加45%硫酸钾复合肥20～25千克。

45%三元素复合肥(含N、P_2O_5、K_2O)亩用量为45～60千克,其中N、P_2O_5、K_2O的最佳比例为1:(0.89～0.91):(0.5～0.68)。若氮肥过多,叶片生长嫩绿,易诱发叶斑病、叶枯病等多种病害,同时在夏季还易导致叶片灼伤。增施磷、钾肥能提高植株抗逆性,增强光合积累,有利于根状茎生长。

4.排灌

黄精喜湿怕旱,土壤要经常保持潮湿状态;在7—8月份高温干旱天气应及时浇水,有条件的可以采用滴灌或喷灌。梅雨季节要注意清沟排水,避免渍害烂根。

5.病虫害防治

黄精的病害主要有叶斑病、叶枯病、白绢病、锈病等,其中以叶斑病较常见,白绢病为害损失较重;虫害主要有红蜘蛛、蛴螬、小地老虎、金针虫等。病虫害轻度发生时可不予防治,但当病虫害有严重发生趋势时,要及时采取有效措施科学防控(详见本书第四章)。

(四) 采收

黄精种植后一般3~5年即可采收。9—10月份,当黄精地上部茎叶枯萎时开始采挖,至次年2月底黄精萌芽前结束采挖。黄精采收后应及时进行初加工或深加工(详见第五章)。

(五) 栽培记录与档案管理

做好栽培记录与档案管理,目的是掌握黄精在种植过程中的生长状况、各项管理措施的应用效果等,为以后的生产管理提供依据,积累经验。同时,为产品质量和安全提供全程可追溯。

1.基础资料

包括品种、种苗来源、种苗质量及种植基地的环境资料(土壤、地表水、降水量、栽培基质)等记录。

2.生产管理记录

包括栽培时间、栽培方法、栽培种苗成活率;栽培后降水量、土壤湿度;病虫草害发生情况、防治时间和方法、肥料施用和采收等农事操作记录。

3.档案管理

所有基础资料及生产管理资料均须建立档案并由专人保管,自每册记录结束之日起保存5年。有条件的单位应建立计算机档案管理系统,长期保存。

第二节 黄精的GAP栽培

实施黄精规模化、规范化人工栽培,对扩大黄精产品生产规模、保护黄精自然资源意义重大。根据我国中药材GAP产品标准,结合多花黄精生物学特性和近年无公害栽培技术实践,制定出《多花黄精GAP栽培技术规程》,供试用。

一 适用范围

本规程适用范围为安徽省多花黄精"国家地理标志保护产品"规定的生产区域。所述黄精为青阳县、九华山地区道地中药材——多花黄精。按本规程实施,在正常情况下,4~5年生黄精,每亩可产根状茎3 000~4 000千克或黄精干品500~700千克。

二 引用标准

《环境空气质量标准》(修改版)(GB 3095—2012);

《地表水环境质量标准》(GB 3838—2002);

《农田灌溉水质标准》(GB 5084—2021);

《土壤环境质量 农用地土壤污染风险管控标准》(试行)(GB 15618—2018);

《绿色食品 产地环境调查、监测与评价规范》(NY/T 1054—2021);

《农药合理使用准则(十)》(GB/T 8321.10—2018);

《农药安全使用规范 总则》(NY/T 1276—2007);

《肥料合理使用准则 通则》(NY/T 496—2010);

《中药材生产质量管理规范(GAP)》;

《中华人民共和国药典》(2020年版)。

三 生产条件

1.产地自然条件

（1）地理位置：安徽省地处长江中下游，是多花黄精的适生分布区，其中皖西大别山区、皖南山区，尤其是环九华山、黄山的县区是多花黄精的最适生区，其自然和气候条件均适宜多花黄精的生长。

（2）气候条件：安徽地处暖温带与亚热带过渡地区，气候温暖湿润，四季分明。全省年平均气温在14～17摄氏度，平均日照1 800～2 500小时，平均无霜期200～250天，平均降水量750～1 700毫米。适宜黄精、牡丹、杜仲、桔梗等多种药用植物的自然生长。

（3）土壤条件：皖西大别山区，皖南山区、丘陵地区，其成土母质主要有花岗岩、石灰岩、泥质岩、页岩等，土质以沙壤土为主、黏土为辅，耕作层深厚疏松，有机质较丰富，适合多种植物生长。这些地区是茶叶、中药材等农产品的优势地区。

2.物种和品种类型

多花黄精为百合科黄精属多年生草本植物。栽培种可选用从野生自然混合种群选育出的"九华黄精1号""九华黄精2号""九臻1号""九臻2号"等良种。

四 黄精的GAP栽培技术

1.选地与整地

（1）选地：除地势低洼和严重贫瘠的地区外均可种植黄精。以湿润肥沃的林间地、林缘地或山地、退耕还林地为宜。林下种植以坡度小于30度，中、下坡位林地，透光率50%～70%为宜。以水源条件较好，土质肥沃、疏松，富含腐殖质的壤土或沙壤土为宜。黏重或贫瘠、干旱的土壤，以及铅、镉、汞、铬、砷等重金属、有毒有害物质超标的土壤均不适合栽培。

（2）整地：要求将土壤深翻30厘米，水稻土栽培要求深翻50厘米以上，打破犁底层。坡地应依等高线筑梯地做畦，以防止水土流失。优质腐熟农家肥按每亩4 000千克均匀施入畦床，再深翻1次，使肥、土充分混合，再耙细、整平后做畦。一般畦面宽1.2米，畦长10～15米，畦面高出畦沟15～20厘米。开好三沟，做到沟沟相通，排水通畅。

2.选用优质健康种苗

选用品种性状基本一致、健康无病的种苗。用50%多菌灵可湿性粉剂300倍稀释液浸渍30分钟，晾干后待种。

3.栽种

栽种时间：秋栽在10—11月份，春栽在2月上中旬。栽种时，在靠畦沟一边，按沟距35～40厘米、深13～15厘米开种植沟，种植沟内按株距30厘米左右放置种苗（每亩4 000～6 000株），芽嘴排列偏向荫蔽植物一面，茎痕朝上。盖细土与畦面齐平。若土壤干旱可浇水1次，上面再覆盖腐熟的锯木屑或食用菌废料等5～8厘米。

4.田间管理

（1）套种与遮阳：黄精为喜阴植物，套种玉米等高秆作物不但有利于黄精生长，还能增加经济效益。林下种植，可以与毛竹、杉木、板栗及紫薇等绿化苗木进行间作。有条件的可采用遮阳网覆盖栽培，遮阳网透光率宜为50%～70%。

（2）中耕、除草、覆草：每年的4、6、9月份各除草1次，结合中耕进行清沟、培土、追肥。春季和雨季结束后要结合清沟，对因雨水冲刷裸露在外的黄精根茎进行培土壅根。黄精根系分布较浅，中耕、除草不宜过深，以免损伤根系。

夏季田间保留少量低矮杂草，可减轻地面高温对叶片和根茎的灼伤，

利于黄精安全度夏。

畦面覆草不仅可抑制杂草生长、避免水土流失，保持土壤水分和养分，改善土壤环境，还能提高黄精产量和品质。山区分布较广的芭茅草（五节芒等），粉碎的稻草、麦秆，油菜籽壳、谷壳等均可作为覆盖物利用。

（3）施肥：黄精施肥以有机肥为主，配合少量化肥和微量元素肥料。有机肥包括充分腐熟的农家肥、草木灰、作物秸秆、商品有机肥、生物菌肥（有机肥）、沼气渣肥、液肥、食用菌废菌棒、菜籽饼肥等。山区可采用砍青、埋青覆盖的方式增加土壤有机质。化肥采用硫酸钾、三元素复合肥、磷酸二氢钾等，禁止使用工业垃圾和城市垃圾肥。在4、9月份结合中耕培土各追肥1次，最好在黄精行间开沟施肥，然后覆土。每亩可沟施优质有机肥1 500千克或菜籽饼肥100千克加45%硫酸钾复合肥20～25千克。

（4）排灌：黄精喜湿怕旱，土壤要经常保持潮湿状态；在7—8月份高温干旱天气应及时浇水，有条件的可以采用滴灌或喷灌。梅雨季节尤其要注意清沟排水，避免渍害烂根。

5.病虫害防治

（1）主要病虫害：病害有叶斑病、叶枯病、白绢病、锈病等，其中以叶斑病较常见，白绢病为害损失较重；虫害主要有红蜘蛛、蛴螬、小地老虎、金针虫等。

（2）病虫害绿色防控技术：

①选用无病种苗。外地引种必须实施植物检疫，防止种苗带病；种苗栽植前用多菌灵稀释液浸渍灭菌，晾干后栽植。

②农业措施。根据黄精的生长发育特性，科学水肥管理，创造有利于其健康生长的小气候环境。重点抓好遮阴（林下栽培或人工遮阴）、防渍、防旱等环节。

③理化诱杀。采用频振式灭虫灯、黑光灯等可有效诱杀金龟子（蛴螬

成虫)、蝼蛄、金针虫等害虫。根据不同地形,每20~40亩安装一盏灭虫灯。4—10月份,天黑开灯,天亮关灯。糖醋液诱杀地老虎:用蔗糖1份、醋4份、白酒1份、水16份,加90%敌百虫原药0.1份,配成糖醋诱液,每90~150平方米放置一盆,可有效诱杀地老虎成虫。

④生物防治。采用林下或仿野生栽培的黄精病虫害都较轻,一般不需进行药剂防治。但在旱地连作或管理不当的情况下,蛴螬、白绢病、叶枯病等可能发生较重,需要进行重点防控。

蛴螬:对于发生较重的地块,可在黄精栽植时,用2亿孢子/克金龟子绿僵菌颗粒剂4~6千克撒施于土中;或在金龟子卵孵盛期后,每亩用金龟子绿僵菌80亿孢子/毫升可分散油悬浮剂40~60毫升,兑水30千克喷雾。

白绢病:轮作或水旱轮作;栽种前采用土壤消毒剂进行消毒;施用土传病害专用生物菌剂。发病初期采用5%井冈霉素水剂1 000倍稀释液,灌根处理,每株(穴)淋灌0.4~0.5升,7~10天后再灌一次。

叶斑病:发病初期采用80%乙蒜素乳油2 000倍液喷施,或采用枯草芽孢杆菌、多抗霉素等进行防治。

病虫防治用药要严格按照绿色食品生产标准进行,严禁使用剧毒、高残留等禁用或限用农药。

6.收获与初加工

黄精栽植后3年就可收获,但以栽植后4~5年收获产量最高。多生长1年,产量可增加30%以上。以10—12月份叶片黄枯时采挖品质最佳。使用双齿锄按垄栽方向,依次将黄精根状茎带土挖出,去掉地上残存部分,使用竹刀将泥土刮掉,注意不要弄伤根茎,如有损伤,另行处理。须根不用去掉。在加工以前,不要用水清洗。

产地初加工:可用清水洗净,放在蒸笼内蒸3~4小时,蒸至透心后取

出,边晒边揉至全干,含水量在15%以下。

黄精商品规格:以味甜不苦、无白心、无须根、无霉变、无虫蛀、无农药残留超标为合格。以块大、肥润、色黄、断面呈半透明、黄精多糖含量在10%以上为佳品。

7.栽培档案管理

为做到黄精产品质量安全可追溯,在黄精栽培管理中,要按照有关规定,对农业投入品和生产管理操作等逐项记录,建立完整的台账并保存5年,有条件的单位应建立电子档案并长期保存。

▶ 第三节　黄精的仿原生态栽培

随着黄精的食药用价值逐渐被人们所认知,其市场需求不断增加,价格不断攀升。各地药农种植热情高涨,黄精的种植、加工已成为带动当地农户脱贫致富的新兴产业。但是黄精的栽培有其独特的地理环境和栽培技术要求,人工栽培条件下,一些农户滥用化肥、农药(杀虫剂、杀菌剂、除草剂、植物生长调节剂等),导致产品质量远远达不到原生态产品要求,有的甚至含有有毒有害物质。推广黄精的原生态种植技术,有利于保证黄精的质量安全。

一　黄精仿原生态栽培的概念

黄精仿原生态栽培就是根据黄精的生长习性,按照不施化肥、农药,不防寒避雨的生产管理原则,尽量减少人工干预,任其在自然环境条件下生长,获得与野生品质相当的人工种植黄精的栽培方式。

二 黄精仿原生态栽培的环境条件

1.环境条件

黄精仿原生态栽培要求种植地位于海拔300～800米处；产地环境质量应符合《绿色食品　产地环境质量》(NY/T 391—2021)标准。安徽省大别山区、皖南山区大部分区域均适宜黄精的仿原生态栽培。

2.栽培环境

选择土壤肥沃、表层水分充足、阴湿的山地（指接近原始的自然环境）。如图3-4、图3-5所示。

图3-4　仿原生态栽培黄精(一)

图3-5 仿原生态栽培黄精(二)

三 栽培技术

1.栽培方式

山坡林下栽培,除人工调节光照条件外,尽量保持原生态生长环境。

2.栽培方法

(1)种茎选择与处理:选择3~4年生,健壮、无病虫害植株,在收获时挖取根状茎,选取带芽根状茎作为种茎,每段带1~2个顶芽,用50%多菌灵可湿性粉剂300倍稀释液浸渍30分钟,晾干,待种。

(2)栽种时间:10月份至次年2月份。

(3)栽植方法:栽种前深翻土壤,结合整地,耙细整平做畦,栽种时将种根茎痕朝上水平放入土中,覆土,使之与畦面齐平。有条件的可覆盖一层5~8厘米厚腐熟的枯枝落叶、锯木屑或粉碎的秸秆等。

(4)水肥管理:土壤应保持湿润,生长期内以自然降水为主,高温、干旱季节可进行人工浇灌以保证土壤水分供应;进入雨季前应清深沟,注意排涝、防渍。黄精地可以采用埋青、覆盖作物粉碎的秸秆、施用菜籽饼等措施,增加土壤有机质,提供其生长所需养分。

(5)除草:4—10月份根据田间实际情况适时除草,7—8月份高温天气不宜除草。锄草和松土时应尽量避免伤根。

(6)光照调节:林下栽培2年后由于林木生长,林下郁闭度增加,若林下透光率低于20%,则将严重影响黄精的正常生长,由于光合积累少,黄精越长越小,品质降低。因此,应根据林木生长情况及时进行间伐或修剪枝条,使透光率保持在35%以上。

(7)防护措施:栽植地周围应有防止野猪、野兔等野生动物为害的设施;当病虫发生严重为害时,可采用物理或生物措施进行控制。

第四节　黄精的林下栽培

黄精的林下栽培是指根据多花黄精喜阴、喜湿、怕旱、怕渍的习性,在经济林或用材林下种植黄精,形成林药复合的一种高效种植模式。它利用天然林或人工林的林阴条件,使黄精获得良好的生长环境,不仅减少对耕地的占用,避免与粮争地,还提高了综合经济效益,是目前各地大力推广的黄精种植模式。

一　林地选择

根据多花黄精喜阴、喜湿、怕旱、怕渍的习性,选择湿润肥沃的林间地或山地、林缘地,坡度小于30度。土壤以肥沃的壤土或沙壤土最为合适,重黏土或瘠薄、易旱地块不宜种植。黄精可种植在毛竹林、杉木林及核桃、板栗等经济林下,以直根系的枫香(红枫)、檫木、枫杨等阔叶树林下

为佳,松杉、毛竹应以新造林及幼林为主。视树冠大小,林木密度控制在每亩60~120株,透光率控制在50%~70%。如图3-6至图3-11所示。

图3-6　青梅林下种植黄精

图3-7　紫薇林下种植黄精

图3-8 三角枫林下种植黄精

图3-9 杨树林下种植黄精

图3-10 毛竹林下种植黄精

图3-11 吴茱萸林下种植黄精

二 整地

土壤深翻30厘米以上,整平耙细后沿等高线做水平畦,畦宽1.0~1.2米、高0.25~0.3米、沟宽0.5米。对坡度较大、不宜翻耕整地的林地可以采

用挖穴的方式栽植。

三 栽植

黄精可秋栽或春栽。黄精秋栽于10月下旬开始,春栽在2月底、芽头萌发前结束,过迟栽植易造成芽头折断损伤。可根据林木密度,亩植2 000~3 000株。

林下栽培黄精宜采用大规格种苗,对于小苗要增加栽植密度。

四 栽后管理

1.中耕除草

黄精移栽后前两年田间较易生杂草,若控制不好,常造成草荒。春、夏季杂草生长相对较快,为促进幼苗生长、防止杂草为害,每年4—10月份可视草情除草2~3次,具体时间可酌情选定。在除草松土时,注意宜浅不宜深,避免损伤黄精根系。在黄精生长期,要注意培土壅根,防止雨水冲刷导致根状茎外露,遭受机械损伤和病虫为害。

2.水肥管理

黄精施肥应以有机肥为主,不施或少施化肥。基肥主要是厩肥、堆肥、饼肥等,翻耕整地时每亩施腐熟饼肥或商品有机肥200千克。追肥可结合中耕培土进行,一般每亩可施用45%硫酸钾复合肥10~15千克,施后覆土。施肥时要氮、磷、钾肥配合,防止偏施氮肥。氮肥过多、叶片生长嫩绿,易诱发叶斑病、叶枯病等叶部病害,同时在夏季易导致叶片灼伤。增施磷、钾肥能提高植株抗逆性,增强光合积累,有利于根状茎的生长。

黄精喜湿怕旱,要经常保持林下湿润。在久旱无雨的情况下,由于林木根系发达,能从深层土壤大量吸水,地下水分不能通过毛细管上升,表层土壤水分供应不足,导致黄精受旱,因此要根据土壤墒情及时浇水。梅雨季节要注意排水,防止栽培地块积水,造成黄精根茎腐烂。

3.调控光照

林下栽种黄精,前两年由于树木植株较小,林下荫蔽度较小,黄精生长良好;随着林木树冠不断扩大,林下荫蔽度增加,光照不足,导致黄精的光合积累越来越少,根茎越长越瘦小。因此,要根据林木生长情况,及时对林木进行间伐或修剪枝条,使林下透光率保持在35%以上。

五 病虫害防治

林下黄精病害主要有叶斑病、叶枯病等,局部地块白绢病发生为害较重;虫害主要有蛴螬、小地老虎、红蜘蛛等。病虫轻度发生时可不予防治,当某种病虫有严重发生趋势时,要及时采取有效措施进行科学防控(详见本书第四章)。

▶ 第五节　黄精的庭院栽培

多花黄精最适宜在林下栽培,但在适宜的人工环境下也能生长良好。在当前全面实施乡村振兴战略的大背景下,各地认真贯彻"绿水青山就是金山银山"的生态理念,植树造林,美化村庄环境,发展生态农业。结合乡村振兴战略的实施,可以在村庄周围发展黄精的庭院种植。

根据黄精的生长发育特性,黄精的庭院栽培主要做好以下几点。

一 品种选择

九华黄精是多花黄精中公认的优质黄精之一,因此在多花黄精适生区,庭院种植黄精首选九华黄精。近年来,安徽省青阳县九华黄精种植企业与有关科研院校合作,开展黄精品种的选育工作,其中青阳县九华中药材科技公司与安徽中医药大学合作选育的"九华黄精1号"和"九华黄精2号"已经于2020年12月通过安徽省非主要农作物新品种审定委员会的审定登记。"九华黄精1号"和"九华黄精2号"是通过对九华黄精野生群体种进行系统选育而获得的优质、高产的黄精新品种,品种特性稳定,品质优良,抗病性较好,可以在多花黄精适生区推广应用。

二 地块选择

黄精庭院栽培的地块选择,要注意以下几点:

1.要有一定的遮阴条件

房前屋后、有树荫的地方,或者葡萄架下、果树旁等地块都可以种植。

2.土壤、水源、空气无污染

有污染物的工厂、垃圾填埋场,公路边、沥青油路边,有重金属污染物的地区均不宜种植黄精。

三 土壤选择

种植黄精的土壤以有机质丰富的壤土或沙壤土最好;前茬作物已经发生白绢病、根腐病的地块均不宜种植黄精,否则,易染病,导致减产或绝收。有条件的可采用人工营养基质栽培。

四 栽培模式

1.房前屋后林荫地栽培

利用房前屋后绿化树木形成的林荫栽培黄精,可以获得较好收成。一般4～5年生黄精,每平方米可以收获7～8千克鲜黄精。

栽培要点:在直根系林木下种植,有40%以上的光照率,土壤要求肥沃深厚,排水良好;采用大规格种苗。樟树下不宜栽培黄精,因为其植株根系分泌物和枯叶分解物对其他植物有抑制生长的作用,生产上常发现樟树下的辣椒、南瓜、丝瓜等植物生长发育不良,结果少而小。樟树下种植的黄精也同样生长发育不良。

2.花盆营养土栽培

在须根系林荫植物或葡萄架、猕猴桃架下种植黄精,可以采用盆钵栽培,充分利用其地上空间和遮阴条件。

栽培要点:栽培时宜选用大规格的陶制或木竹制花盆,塑料花盆必须采用聚丙烯、聚乙烯等无毒原料制作,盆钵长宽在30厘米×40厘米以上,深度在30厘米左右。培养土可以采用沙性的普通园土或人工配制的营养土;盆钵底部要留排水孔,铺垫一层沥水的瓦粒、陶粒等;采用大规格种苗,每盆3~5株,呈三角形或星形栽植,种苗芽头朝向盆边。

作为盆景栽培时,宜选用较小的盆钵,种苗则应采用3~4年生的实生苗,每盆3~5株。

五 栽培管理

黄精庭院栽培,管理较简单。一是要注意浇水,防止干旱。浇水时不得采用洗衣水等生活污水。二是防止畜、禽践踏为害。三是生长季节每隔10~20天追施1次腐熟的有机肥。四是防治虫害。受照明灯光影响,易将其他地方的金龟子等害虫引诱过来,从而对黄精造成危害,因此必须注意及时发现并防治。

第四章

黄精的病虫草害防治

自然条件下生长的黄精,由于生态条件良好,病虫发生为害较轻。在人工栽培情况下,随着生境条件改变,为害黄精的病虫种类不断增加,为害程度逐年加重。黄精的病害主要有白绢病、叶斑病、叶枯病、锈病等,其中以叶斑病较为常见,白绢病为害损失较重;黄精的虫害主要有蛴螬、红蜘蛛(朱砂叶螨、二斑叶螨)、叶蜂、小地老虎、金针虫、瘿蚊等。

▶ 第一节 黄精的病害

一 黄精白绢病

1.发病症状、特点

发病田早期病株呈零星分布,病株叶片发黄,逐渐枯死,地下根茎腐烂,土表遍布大量白色绢丝状菌丝,中后期从土表开始产生乳黄色细小菌核,后转褐色。前茬为牡丹皮、桔梗、苍术、大豆等作物的地块发病较多,田间病株呈核心分布。如图4-1至图4-3所示。

2.白绢病菌生物学特性

黄精白绢病的病原菌无性世代,为齐整小核菌,属半知菌亚门无孢菌群小菌核属。其寄主范围很广,主要有花生、茄子、辣椒、豆类、苎麻等农作物,白术、丹皮、桔梗等中药材,兰花、君子兰等花卉,还有油茶、茶、桑、樟等木本植物。

图4-1　黄精白绢病(土表产生的白色菌丝)

图4-2　黄精白绢病(形成菌核)

图4-3　黄精白绢病(田间病株)

白绢病菌以菌丝体或菌核在土壤或病残体上越冬，第二年温度适宜时产生新菌丝体,病菌菌核在土壤中随地表水传播,菌丝在土中蔓延,侵染植株根部或根茎。光线能促进菌核产生。菌核无休眠期,条件适宜即可萌发,否则处于休眠状态,菌核在土壤中能存活5～6年,甚至更长,灌水后3～4个月死亡。

病菌菌丝生长的最适温度为25～35摄氏度(最低温度8～9摄氏度、最高温度为42摄氏度),空气湿度为90%～100%,土壤含水量为40%～50%;土壤含水量在20%时病菌腐生能力最强。菌核发芽率随含水量增加而降低,但通入空气后发芽良好。pH范围为3～8,最适pH为5～6,酸性土壤有利于病害的发生。气温在30～38摄氏度时,菌核经3天即可萌发,再经8～9天又可形成新菌核。白绢病菌在1～2厘米的表层土中较活跃,在5厘米以下的土壤中活力大大降低,经过深犁翻耕的土地,病原菌更加不活跃。

3.发生特点

病菌喜高温高湿,在高温多雨季节多发,低洼湿地发病较重。5月下旬至6月上旬开始发病,7—8月份温度在30摄氏度左右时发病最重,9月末停止发病。酸性至中性土壤和黏质土壤易发病;土壤湿度大,特别是连续干旱后遇雨利于菌核萌发;连作地由于土壤中病菌积累多,也易发病;排水不良、肥力不足、植株生长瘦弱或密度过大的地块发病重;根茎部外露受阳光辐射灼伤的植株也易染病。

二 黄精根腐病

1.发病症状

此病主要侵染根部,发病初期根部产生水渍状褐色坏死斑,严重时根部腐烂,仅残留纤维状维管束,病部呈褐色或红褐色。湿度大时,根茎表面产生白色霉层(为分生孢子)。发病植株随病害发展,地上部生长不良,叶片由外向里逐渐变黄,最后整株枯死。根部腐烂病株易从土中拔起。如图4-4所示。

图4-4　黄精根腐病

2.病原菌

黄精根腐病的病原菌为半知菌亚门丝孢纲束梗孢目镰刀菌属。分生孢子有2种类型：大型分生孢子，镰刀型，多细胞，有3个隔膜，大小为（28.9～42.1）微米×（4.6～6.2）微米，可产生厚垣孢子；小型分生孢子，单胞，无色，椭圆形至纺锤形，偶有1个分隔，大小为（9.2～14.51）微米×（5.2～5.9）微米。

3.发生特点

连作旱地发病重；田间湿度大、受渍、土壤黏且透气性差的发病重；覆盖太厚、根部肥害、根茎有创伤或地下害虫为害等条件下易发病，高温高湿有利于发病。该病从小苗期至生长中后期均可发生，一般7—9月份为发病高峰期。

三 黄精叶斑病

1.发病症状

黄精叶斑病在叶片中部产生椭圆形或梭形病斑，多个病斑愈合在一起呈不规则形。病斑边缘红褐色，中央灰白色，后期病斑中央产生密集的黑色小点，即病原菌的分生孢子器，病情严重时引起叶片早枯。大病斑易穿孔。如图4-5、图4-6所示。

2.病原菌

黄精叶斑病的病原菌为半知菌亚门球壳孢目叶点霉属。分生孢子器半露于叶肉表面，半圆球形，有孔口，内有大量分生孢子。分生孢子小，圆形或卵圆形，无色，单胞。

3.发病规律

黄精叶斑病一般始见于5月初，发病盛期在6月上中旬，阴雨日多、光照不足时发病重；到7月底发病已较严重，出现整株叶片枯死现象。8、9月

份伴随着多种其他原因导致茎叶死亡,发病达到高峰。林下黄精发病重于大田黄精。

图4-5　黄精叶斑病

图4-6　黄精叶斑病(小黑点为分生孢子器)

四 黄精叶枯病

1.发病症状

黄精叶枯病多从叶缘、叶尖侵染,病斑由小到大,形状不规则,呈红褐色至灰褐色,病斑连片成大枯斑,干枯面积达叶片的1/3～1/2。病叶初期局部先变黄,之后黄色部分逐渐变成褐色而坏死;再由局部扩展到整个叶脉,呈现褐色至红褐色的叶缘病斑,病斑边缘波状,颜色较深。病健交界明显,其外缘有时还有宽窄不等的黄色浅带,随后,病斑逐渐向叶基部延伸,直至整个叶片变为褐色至灰褐色。后期在病叶背面或正面出现黑色绒毛状物或黑色小点。如图4-7所示。

图4-7　黄精叶枯病

2.病原菌

该病的病原菌有3种,包括半知菌亚门的链格孢菌、子囊菌亚门的炭疽病菌和半知菌亚门的盘多毛孢菌。病原菌以菌丝体与孢子在病落叶等处越冬。

3.发病规律

叶枯病病原菌在病叶上越冬,翌年春季温度适宜时,病菌孢子借风、雨传播,侵染为害黄精叶片。该病在5—9月份均可发生。植株中下部叶片和老叶发病重。高温多湿、田间草害严重、通风不良有利于该病害的发生。生长势弱的植株发病较严重,高温、强光照会加速病叶枯死。

五 黄精锈病

1.发病症状

黄精锈病主要危害叶片,病叶的叶面有圆形或不规则状褐黄色斑,直径5~10毫米,叶背面集生黄色杯状小颗粒(病菌锈孢子器)。如图4-8所示。

图4-8　黄精锈病

2.病原菌

该病病原菌为春胞锈菌属。

3.发病规律

黄精锈病常发生于5—6月份。适温(中、低温)高湿、光照不足时发病较重,施氮过多时发病重。病菌还侵染玉竹、菝葜等百合科植物。

▶ 第二节 黄精的虫害

一 蛴螬

蛴螬为鞘翅目金龟甲科幼虫的统称,如图4-9所示。为害黄精的种类主要是铜绿金龟子,以幼虫为害,咬断幼苗或嚼食根状茎,造成断苗或根部孔洞,不仅影响幼苗生长,导致减产,还影响黄精品质,而且其为害造成的伤口还易导致根腐病、白绢病病原菌的侵染。

图4-9 铜绿金龟子与蛴螬

二 红蜘蛛

主要有朱砂叶螨、二斑叶螨等。以成螨和幼螨在黄精叶片背面吸取汁液为害,使叶面产生白色点状。盛发期在茎、叶上形成一层薄丝网,使植株生长不良,严重时导致地上部早枯,影响产量。如图4-10所示。

图4-10　黄精红蜘蛛为害症状

1.朱砂叶螨

又叫红蜘蛛、棉红叶螨等,属蛛形纲叶螨科。它是我国南北各地普遍发生、对农作物为害严重的杂食性螨类。据调查,其寄主植物多达45科150多种。农业生产上除为害黄精外,棉花、高粱、玉米、花生、豆类、油菜、瓜类、烟草、红麻、蓖麻、向日葵、芋和各种蔬菜,苹果、柑橘、梨、桃等果树,桑树、香料植物、花卉和温室栽培植物等,均受其严重为害。朱砂叶螨主要在黄精叶片的背面吸食营养汁液,为害初期叶片正面出现较多白点,几天后叶片变黄白,继而焦枯,地上部分提早死亡,严重影响黄精正常生长,使生长年限延长,产量、品质降低。

(1)识别特征:红蜘蛛的一生要经过卵、幼虫、第一若虫(若虫Ⅰ)、第二若虫(若虫Ⅱ)和成螨等时期。

卵:圆形,直径0.13毫米。初产时无色透明,后渐变为橙红色。近孵化前,透过卵壳可见两个红色斑点。

初孵幼螨:体呈近圆形,淡红色,长0.1～0.2毫米,足3对。

若螨:幼螨蜕1次皮后成为第1若螨,其比幼螨稍大,略呈椭圆形,体色较深,体侧开始出现较深的斑块。足4对。此后雄若螨即老熟,蜕皮变为雄成螨。雌性第1若螨蜕皮后成第2若螨,体形比第1若螨大,再次蜕皮成为雌成螨。

成螨:体色变化较大,一般呈红色,也有呈褐绿色等。足4对。雌螨体长0.38～0.48毫米,卵圆形。体背两侧有块状或条形深褐色斑纹。斑纹从头胸部开始,一直延伸到腹末后端;有时斑纹分隔成2块,其中前一块大些。雄螨稍小,体长0.3～0.4毫米,略呈菱形,腹部瘦小,末端较尖。

(2)生活习性:朱砂叶螨以两性繁殖为主,在食物缺乏时也可进行孤雌生殖。雌螨交尾后1~3天即可产卵,一生平均产卵100粒左右,最高可达300粒。卵的发育历期在24摄氏度时为3～4天,在29摄氏度时为2～3天;若螨期在6—7月份为5～6天;成螨寿命19～29天,平均寿命在6月份为22天,7月份为19天,9—10月份为29天。适宜的环境条件下7～10天即可完成1代。朱砂叶螨发育起点温度为7.7～8.8摄氏度,最适温度为29～31摄氏度,最适相对湿度为35%～55%。温度达30摄氏度以上和相对湿度超过70%,则不利于其繁殖。

朱砂叶螨在江淮地区一年发生18～20代,能以各种虫态在寄主、杂草根部和土壤中越冬。朱砂叶螨在黄精田开始呈点片状发生,先为害下部叶片,而后向上蔓延。种群数量过大时,常在叶端群集成团。若螨、成螨靠爬行移动、吐丝下垂在植株间蔓延或借农事作业、劳动工具传播;在高温季节还可借助风力扩散蔓延,而后爬行或垂丝下坠借助风力扩散。

朱砂叶螨田间种群消长主要受天气因素的影响,高温干旱有利于其发生;梅雨期(5—8月份)雨日多,雨量较大,田间虫口上升缓慢,为害较轻。暴雨对虫口密度有较好的压低作用。田间杂草多的黄精地或是靠近棉花、豆类、玉米田的黄精地,朱砂叶螨发生为害较重;大棚等设施栽培的黄精,朱砂叶螨发生、为害也较重。

2.二斑叶螨

又叫白蜘蛛、黄蜘蛛、棉叶螨等,也是属于蛛形纲叶螨科的杂食性螨类。分布于全国各地,其寄主有玉米、高粱、苹果、梨、桃、杏、李、樱桃、葡萄、棉、豆类等多种植物。

(1)识别特征:

卵:圆球形,直径0.1毫米,初期为白色,逐渐变为淡黄色,有光泽。孵化前出现2个暗红色眼点。

幼螨和若螨:幼螨半球形,黄白色,3对足;若螨体椭圆形,黄绿色,体背显现褐斑,4对足。

成螨:雌成螨为椭圆形,长约0.5毫米,灰白色,体背两侧各有一个褐色斑块,越冬型雌成螨体色为橙黄色,褐斑消失。雄成螨呈菱形,长约0.3毫米。成螨体色多变,有浓绿色、褐绿色、黑褐色、橙红色等,一般常带红色或锈红色。

(2)为害特点:二斑叶螨对黄精的为害与朱砂叶螨相似。二斑叶螨有很强的吐丝结网集合栖息特性,有时结网可将全叶覆盖起来,并罗织到叶柄,甚至细丝还可在植株间搭接,螨虫随蛛丝飘扬扩散。

(三) 小地老虎

小地老虎,又名土蚕、切根虫,鳞翅目夜蛾科昆虫。以幼虫为害棉花、玉米、小麦、高粱、烟草、马铃薯、麻、豆类、蔬菜等多种植物的幼苗及根茎。春季黄精萌芽出土期,啃食黄精嫩茎幼根,影响幼苗生长或导致幼苗死亡,为害严重时造成缺苗断畦。为害盛期在4月中下旬。

(四) 金针虫

金针虫,为叩头虫的幼虫。其幼虫生活于土壤中,为害黄精的须根和根状茎。幼虫钻蛀根状茎形成孔洞,影响品质,造成的伤口易导致根腐病、白绢病等病菌的侵染。金针虫还为害禾谷类、薯类、豆类、棉花、各种蔬菜，以及白及、牡丹等中药材。

（五）叶蜂及瘿蚊

林下黄精常有叶蜂和瘿蚊为害。

叶蜂以幼虫取食叶片成缺刻，重发时会吃光叶片、叶脉，甚至咬断嫩茎，如图4-11所示。

图4-11　黄精叶蜂幼虫及为害症状

黄精瘿蚊，主要以幼虫为害生长点和幼嫩芽叶，导致生长点死亡，叶片生长发育畸形，叶片表现凹凸不平的皱褶，如图4-12所示。其为害造成的伤口还易引起病菌的侵染，导致叶片早衰枯死，影响产量。为害盛期在4月中下旬。

图4-12　黄精瘿蚊幼虫及为害症状

▶ 第三节　其他有害生物

1.野猪

由于鲜黄精具有刺激性麻味,取食会使口舌麻木,野猪虽不喜欢取食鲜黄精根茎,但它们习惯拱地找食,以长嘴拱起黄精植株,致使根系受伤外露,不能正常生长。对于山地黄精,野猪为害日趋严重。种植者多采用自制水动力竹梆,自动敲击发声,阻吓野猪进入黄精地为害,也有投放硫黄、化学药剂等进行驱避。野猪为害严重时,可向相关部门报备,请求采取必要措施进行控制。

2.野兔、麂子

春季黄精发芽抽茎期,野兔和麂子喜食黄精幼嫩芽叶,山地及其附近的黄精受害较多,严重时它们会吃光整块地的黄精芽头,影响黄精产量和品质。种植者可通过自制道具阻吓、投放化学药剂、熏硫黄等进行驱避;为害严重时,可向相关部门报备,请求处理。

▶ 第四节　黄精生理性障碍

一　渍害

黄精虽然喜阴湿、怕干旱,但若土壤湿度过大,尤其是黏重的土壤,在长期低温阴雨条件下,通气不良,易形成渍害。具体表现:地上茎叶由顶端向基部呈现黄白色,须根发黄变褐,失去活力,无根毛,严重时根状茎腐烂,如图4-13、图4-14所示。

图4-13　黄精渍害(叶片症状)

图4-14　黄精渍害(排水不畅)

二　干旱

在久旱无雨的情况下,黄精的根系不能从土壤中吸收足够的水分,加上地上茎叶的蒸腾消耗,体内水分入不敷出,地上茎叶片逐渐萎蔫、发

黄,提早枯死。持续严重干旱时根状茎呈皮软状态,失去活力。

三 日灼

大田栽培在无遮阴条件下,7—8月份常因太阳辐射过强而导致叶片灼伤。高温、干旱、强辐射的联合作用会加速黄精叶片枯死。受伤的叶片还易感染叶斑病菌、叶枯病菌等,进而严重影响产量,如图4-15、图4-16所示。

图4-15 黄精日灼

图4-16 大田黄精日灼早枯

第五节　黄精地草害防控技术

一　杂草及其危害

所谓杂草,就是生长在农田等人工环境中的非目的植物,或称之为能够在人工生境中自然繁衍其种族的植物。比如稻田中的稗草、鸭舌草、莎草、牛毛草、千金子等都是杂草,前茬遗留下来的荸荠、莲藕也算是杂草。杂草不是人们特意种植的,而是自然生长的。

1.杂草的分类

杂草的分类方法较多,一般根据杂草的形态学特征、生物学特性等进行分类。

(1)按形态学特征分类:

①禾本科杂草。主要形态特征:茎圆或略扁,节和节间有区别,节间中空。叶鞘开张,常有叶舌。胚具1子叶,叶片狭窄而长,平行叶脉,叶无柄。

②莎草科杂草。主要形态特征:茎三棱形或扁三棱形,节与节间的区别不明显,茎常实心。叶鞘不开张,无叶舌。胚具1子叶,叶片狭窄而长,平行叶脉,叶无柄。

③阔叶杂草。包括所有的双子叶杂草及部分单子叶杂草。主要形态特征:茎圆形或四棱形。叶片宽阔,具网状叶脉,叶有柄。胚常具2子叶。

(2)按生物学特性分类:

①一年生杂草。在一个生长季节完成从出苗、生长到开花结实的生活史。如马齿苋、铁苋菜、醴肠、马唐、稗草、异型莎草和碎米莎草等多种杂草。

②二年生杂草。在两个生长季节内或跨两个日历年度完成从出苗、生长到开花结实的生活史。通常是冬季出苗,翌年春季或夏初开花结实。如

野燕麦、看麦娘、波斯婆婆纳、猪殃殃等。

③多年生杂草。一次出苗,可在多个生长季节内生长并开花结实。可以种子以及营养繁殖器官繁殖,并度过不良气候条件。如芦苇、白茅、乌蔹莓等。

农民则习惯将黄精地杂草分为尖叶草和阔叶草两类。尖叶草主要是禾本科和莎草科的杂草,阔叶杂草则是各种双子叶杂草。

2.杂草的危害

农田杂草由于长期的自然选择,具有惊人的繁殖能力和顽强的适应性。杂草根系发达,能够吸收大量的水分和养分,使土壤肥力被无效地消耗,减少了土壤对农作物水分和养分的供应。同时,杂草占据农作物生长发育的地上和地下空间,降低了农作物的光能利用率,影响光合作用,抑制作物生长。

杂草还使田间郁闭,给害虫提供了丰富的食料、产卵的场所和繁殖为害的条件,也为病害的滋生蔓延提供了适宜的寄主和环境,扩大了病虫基数,加重了病虫为害。

此外,杂草滋生,增加了农业用工,提高了农业生产成本,给农业生产造成极大损失。据调查,在黄精生产中,草害引起减产的比例在10%～20%,草害严重的地块减产70%以上。

因此,必须了解黄精地杂草的生长特性和发生规律,才能进行科学防控,将草害控制到最低程度,为黄精的高产、稳产、优质创造良好条件。

(二) 黄精地杂草种类

黄精地杂草种类繁多,据不完全统计,有100种以上,主要有马唐、狗尾草、白茅、斑茅、苋菜、马齿苋、苍耳、藜、刺儿菜、香附子、鬼针草等。不同生境下,杂草的种类大不相同,不同地块黄精杂草种类差异也很大,如

图4-17至图4-19所示。

图4-17　黄精地草害

图4-18　春季黄精地杂草

图4-19　山地黄精杂草

1.大田种植黄精地杂草

节节草、早熟禾、看麦娘、马唐、荩草、狗尾草、金狗尾草、狼尾草、狗牙根、千金子、野燕麦、牛筋草、白茅、五节芒、斑茅、香附子、三棱草、红鳞扁莎、野老鹳草、小巢菜、野豌豆、鸡眼草、野大豆、田菁、蒲公英、蒲儿根、泥胡菜、豨莶草、苦苣、山苦荬、一年蓬、小飞蓬、天名精、黄花蒿、青蒿、野艾蒿、三叶鬼针草、苍耳、鳢肠、马兰、刺儿菜、小蓟、石胡荽、雀舌草、蚤缀、鼠曲草、卷耳、漆姑草、繁缕、牛繁缕、半夏、空心泡、蛇莓、朝天委陵菜、地榆、水蓼、酸模、荭草、羊蹄、长箭叶蓼、扁蓄、扛板归、波斯婆婆纳、猪殃殃、茜草、荠菜、水田碎米荠、商陆、野薄荷、紫苏、白苏、夏枯草、益母草、风轮菜、石荠苎、牛膝、铁苋菜、刺苋、凹头苋、水花生、马齿苋、青葙、藜、酢浆草、通乳草、大戟、地锦、过路黄、野葡萄、乌蔹莓、车前草、鸭跖草、饭包草、鱼腥草、小酸浆、龙葵、野芹菜、窃衣、天胡荽、小根蒜、老鸦瓣、粟米草、附地菜、通泉草、半边莲、灯芯草、野芋、活血丹、糯米团、野苎麻、菟丝子、打碗花、垂盆草、盒子草、萝藦、千金藤、葛、葎草等。

2.林下种植黄精地杂草

林下种植黄精地杂草种类相对较少,主要有各种蕨类,如蕨、狗脊蕨、凤尾蕨、紫萁、贯众、鳞毛蕨、金星蕨、乌蕨、芒萁、海金砂、问荆等;禾本科的白茅、五节芒及杂竹类,博落回、商陆、蒲儿根、小飞蓬等。一般原生毛竹林下黄精地杂草种类较少,次生毛竹林下黄精地杂草种类较多;原生针、阔叶林下黄精地杂草以蕨类为主,次生针、阔叶林下黄精地杂草种类较多。

人工经果林套种黄精地的草相比较复杂,主要与耕作前的林相、草相有关。其杂草种类不仅有博落回、商陆、小飞蓬、小蓟、野艾蒿、鬼针草、灰藜、铁苋菜、斑地锦、胡枝子、鸡眼草、野大豆、爵床、垂盆草等,也有五节芒(斑茅)、白茅、狗尾草、狼尾草、荩草、薹草、香附子、红鳞扁莎等禾本科、莎草科杂草,更有各种小灌木、杂竹等。

（三）黄精地杂草的生物学特性

黄精地里的杂草与大多数农田杂草一样,具有对环境适应能力强、生长旺盛、繁殖系数大、传播途径广等特点,黄精根本不是它们的生存竞争对手,因此黄精地的草害往往较重,难以防除。

1.杂草形态结构多型性

黄精地里的杂草个体大小变化很大,差异明显,高的如芦苇、博落回等高达2米,矮的如地锦、半边莲等,高度仅几厘米。

2.杂草生活史多样化

黄精地里的杂草有一年生的、二年生的和多年生的。如马唐、狗尾草、千金子等是一年生的,看麦娘、波斯婆婆纳、牛繁缕等是二年生的,白茅、水花生、小蓟、大蓟、蕨类、小杂竹等则是多年生的。

3.杂草营养方式多样化

黄精地杂草绝大多数营自养生活方式,少数山地黄精有寄生性的菟

丝子为害。

4.杂草适应环境的能力强

黄精地里的杂草表现很强的抗逆性,如白茅、斑茅草、牛筋草、芦苇等各种杂草都比黄精耐旱抗涝；黄精地的多种杂草生长势也都比黄精强,如鬼针草、商陆、博落回、扛板归、野大豆等在夏季常盖过黄精；杂草的无性繁殖能力和再生能力都很强,马齿苋被铲除后,经曝晒数日,仍能生根存活,香附子、白茅、水花生、水竹叶、半边莲等在地上部铲除后数天又能长出新芽。

5.杂草繁殖力强、传播方式多样

黄精地大部分杂草的结实力都比黄精高,千粒重小,一般在1克以下。禾本科的稗草、野燕麦等一株可结数千粒种子,苋科的杂草一株可结数万粒种子。杂草种子的传播方式也多种多样,菊科的蒲公英、小飞蓬、蒲儿根等多种植物种子上带有冠毛,能借助风力进行传播；苍耳、鬼针草、窃衣等杂草种子上则带有钩刺,可黏附在衣服、鞋袜或其他物体上传播；许多杂草种子可混在作物种子、饲料或肥料中传播,也可借助交通工具、农具、衣服、鞋袜等传播。

杂草种子成熟度不齐,但发芽率高、寿命长。荠菜、藜等未完全成熟的种子更易发芽,稗草、马唐等在开花后4~10天就能形成可发芽的种子。耕作层中野燕麦、看麦娘种子可存活3~5年,车前草、牛繁缕等种子可存活10年以上,藜属、旋花属的一些杂草种子的寿命在20年以上。杂草种子成熟度不一,休眠期长短也不同,黄精地里的草籽发芽、出土的时间拉得很长,增加了生产上的防除难度。农民常感叹:杂草除不尽,隔天它又生。

(四) 黄精地杂草的发生特点

2—3月份,黄精萌芽出土期,黄精地的杂草种类不多,数量较少,主要为低矮的一年生或二年生)杂草,如一年蓬、石胡荽、蒲儿根、水田碎米荠、荠、泥胡菜、漆姑草、卷耳、鼠曲草、早熟禾、看麦娘等,对黄精生长的为害不大。4—5月份,随着春季杂草的老熟枯萎、气温的升高、雨水的增多,多年生杂草迅速萌发生长,与黄精争光、争肥;6—7月份梅雨季节,高温高湿的条件极有利于杂草的生长,如鬼针草、小飞蓬常盖过黄精茎叶,攀援性藤本杂草如扛板归、野大豆、菟丝子、葛、葎草等则将黄精茎叶包裹缠绕,若不能有效控制,常导致草荒,严重影响黄精的生长。7月下旬至8月中旬的高温伏旱期,保持一定数量的杂草,可以对黄精起到荫蔽的作用,防止黄精叶片被日光灼伤。秋季杂草陆续结籽成熟,成为次年的草籽来源。

黄精为多年生作物,种植后一般要4～5年才能收获。黄精种植后的前2年,由于苗小、苗少,加上土壤又施用了一定数量的肥料,对杂草生长极其有利,常导致草害欺苗。3年后,随着黄精地上部茎叶数量的增多,郁闭度增加,对杂草的生长起到一定的抑制作用,草害减轻。因此,黄精种植的前2年,控制草害是获得黄精丰产的关键。

五 黄精地草害防控技术

1.防控原则

黄精地的杂草防控也要以防为主,综合防控。由于黄精为食药两用植物,要严格保证它的品质与安全,不宜采用化学除草的方式。主要采用生态技术和农业措施、机械(人工)的方式来除草。

2.主要防控措施

(1)选择栽培地块。在选择种植地块时,尽量不要选用杂草较多的地块;必须选用时,在整地时要进行深翻,将杂草种子较多的表层土壤翻入底层,将多年生宿根性杂草的根、茎清理干净,防止其萌发再生。种子育

苗不可采用杂草种子多的荒地作为苗圃地。

（2）选用大规格种苗，提高种植密度。黄精的种子苗（实生苗）必须采用4~5年生的大苗，根状茎苗要采用3节以上带芽头的大种茎。种植密度根据土壤肥力水平，大田种植亩栽5 000~8 000株。苗越小、土壤肥力水平越低，种植密度越高，以促使黄精提早封行，从而控制杂草的为害。

（3）覆盖控草。在黄精种植后采用作物秸秆、锯木屑、食用菌废菌棒等进行畦面覆盖，以控制土壤表层草籽的萌发。覆盖物的厚度要求在8厘米以上。采用较耐腐烂的芭茅草（五节芒、斑茅等）、松针等较好，控草时间长。大田种植还可采用防草布控草，防草布要求无毒、无味，切忌使用垃圾原料生产的防草布。黄精种植田不宜采用除草地膜覆盖，因为在地膜覆盖下，若土壤黏性大，在排水不畅、通气不良的情况下，极易造成黄精渍害，导致根茎腐烂。

（4）间作套种。种植当年，黄精苗小、苗少，可以在行间套种玉米、高粱、向日葵等高秆作物，一是可以给黄精遮阳，二是可通过农事操作控制杂草生长。

（5）人工或机械除草。根据黄精地杂草生长情况，采用人工将行间及株间杂草除掉。机械除草只能在黄精萌芽出土前使用，要防止损伤地上茎叶或裸露地表的根状茎。

黄精地除草一般要求在杂草开花结籽前进行。杂草种子成熟后再除草，大量的草籽将成为次年杂草种子来源。

▶ 第六节　黄精病虫害绿色防控技术

黄精的病虫害防控，应当遵循"预防为主，综合防治"的原则，实施植物检疫，采用抗病性强的品种或品系、科学管理、合理施肥等措施，综合运用农业防治、物理防治和生物防治技术,将有害生物控制在允许范围内。病虫防治用药要严格按照绿色食品或有机食品生产标准进行,允许使用植物源农药和微生物农药,禁止使用高毒高残留的化学农药。其病虫绿色防控技术模式为"选用健康种苗+健身栽培+物理防治+生物防治"。

一 关键技术路线

1.实施植物检疫,培育、选用无病种苗

(1)外地引种必须实施植物检疫,防止种苗带病;栽植前先剔除变色腐烂等染病种苗,再进行药剂处理。采用50%多菌灵可湿性粉剂300倍稀释液浸渍30分钟,晾干后种植。

(2)选育抗病品种。培育和选用抗病耐病良种,提高黄精的抗病能力,降低黄精病害发生概率和为害损失,从而减少农药的使用量,保证质量安全,提高经济效益。

(3)培育健康种苗。无性繁殖应选择无病虫害母株的根状茎作为种苗;种子繁殖应选择成熟度好、无霉变的种子;选择无病虫、杂草少的地块作为苗圃地,播种前进行土壤杀菌消毒处理,采用无菌营养土,加强苗圃地管理,培育无病健康种苗。

2.健身栽培

(1)选地与整地:

①选地:以湿润肥沃的林间地、林缘地或山地、退耕还林地较为合适;林下种植以中下坡位、林地透光率50%～70%为宜;以水源条件较好,土壤肥沃、疏松,富含腐殖质的壤土或沙壤土种植最佳。前茬为大豆、花生等易感白绢病的地块不宜轮作黄精,已经发生白绢病的地块不能再种植黄精。黏重或贫瘠、干旱的土壤,铅、镉、汞、铬、砷等重金属以及有毒有害物

质超标的土壤均不宜栽培黄精。坡度大于35度的林地不宜全垦种植黄精。

②整地：要求将土壤深翻30厘米以上，水稻土栽培要求深翻50厘米以上，打破犁底层。山坡地应依等高线筑梯地做畦，防止水土流失。一般畦面宽1.2米，畦长10～15米，畦面高出地平面15～20厘米。优质腐熟农家肥按每亩4 000千克均匀施入畦床，再深翻一次，使肥、土充分混合，再耙细、整平后做畦待种。大田栽培要开好"三沟"，做到沟沟相通，排水通畅。

（2）遮阴与覆盖：

①套种与遮阴。黄精为喜阴植物，夏季高温、强辐射易灼伤叶片，导致叶片早衰枯死。适当套种玉米等高秆作物不但有利于黄精生长，还能增加经济效益。林下种植，可以与杉木、桃、李、杏、板栗、紫薇等绿化苗木进行间作。有条件的也可采用遮阳网覆盖栽培，遮阳网透光率50%～70%。

②畦面覆盖。实行畦面覆盖，不仅可以有效抑制杂草生长，避免水土流失，保持土壤水分和养分，改善土壤环境，还能提高黄精的产量和品质。粉碎的稻草、麦秆及干净的菜籽壳、谷壳（无杂草种子）等均可作为覆盖物利用。覆盖物厚度以5～8厘米为宜。

③及时清除田间杂草，保持田间空气流通，控制田间荫蔽度；发现病叶和病株要及时清除销毁，以防止病原菌传播和蔓延。

（3）肥水管理：

①施足底肥。以有机肥为主，适度增施磷、钾肥和微量元素肥料。防止偏施或过量施用氮肥，增强植株的抗病和抗逆能力。

②抗旱排涝。黄精喜湿怕旱，土壤要经常保持潮湿状态；7—8月份高温干旱天气应及时浇水，有条件的可以采用滴灌或喷灌。梅雨季节尤其要注意清沟排水，避免渍害烂根。

3.物理防治

（1）阳光消毒。人工遮阴种植的黄精可在处暑后将遮阳网拉开，让太阳光直射地块;林下种植要保持50%以上的透光率,从而达到自然消毒杀菌的效果。

(2)食诱。用糖醋液诱杀地老虎,用蔗糖1份、米醋4份、白酒1份、水16份,加90%晶体敌百虫原药0.1份,配成糖醋诱液,每90～150平方米放置1盆,可有效诱杀地老虎成虫。

(3)灯诱。利用一些昆虫的趋光性来防治害虫。目前,黄精栽培中多采用风吸式或频振式灭虫灯、黑光灯等诱杀金龟子(蛴螬成虫)、蝼蛄等地下害虫。根据不同地形,每20～40亩安装1盏风吸式或频振式灭虫灯,如图4-20、图4-21所示,4—10月份天黑开灯、天亮关灯。可通过人工控制或电子时控在夜间12时前关灯,以节省电力,并可减少对害虫的天敌昆虫的伤害。

4.生物防治

采用林下或仿原生态栽培的黄精的病虫害都较轻, 一般无须进行药

图4-20 风吸式灭虫灯诱杀金龟子

图4-21　频振式灭虫灯诱杀金龟子

剂防治。但在旱地连作或管理不当的情况下,蛴螬、红蜘蛛、白绢病、叶斑病、叶枯病等可能发生较重,需要根据病虫发生情况,对危害严重的种类及时进行防控。

(1)白绢病:轮作或水旱轮作;栽种前施用生物菌肥(土传病害专用型)。发病初期采用生物菌肥或5%井冈霉素水剂1 000倍稀释液灌根处理,每株(穴)淋灌0.4~0.5升,7~10天后再灌一次。

(2)叶斑病、叶枯病:发病初期采用80%乙蒜素乳油2 000倍液喷施,或采用枯草芽孢杆菌、多抗霉素等进行防治。

(3)蛴螬:发生较重的地块,可在黄精栽植时,用1克含2亿孢子的金龟子绿僵菌颗粒剂4~6千克/亩撒施于土中;或在金龟子卵孵盛期后,用1毫升含80亿孢子的绿僵菌可分散油悬浮剂40~60毫升/亩,兑水30千克喷雾。

(4)红蜘蛛:一是保护和利用其天敌,如小黑瓢虫、小花蝽、中华草蛉、拟长毛钝绥螨、胡瓜钝绥螨、智利小植绥螨等;二是在早春黄精萌芽出土前,采用3~4波美度的石硫合剂进行清园防病治虫。

　　黄精已被列入药食同源目录,绿色生产中一般不宜使用化学农药进行防病治虫和除草。在病虫大发生、可能造成严重为害损失、需要使用农药控制时,应使用生物农药或部分高效、低毒、低残留、对环境友好的化学农药;用药品种和剂量、安全间隔期等可参照有机食品用药标准;农药使用应遵循"安全、有效、经济、简便"的原则。禁止使用高毒、高残留农药和国家、行业明令禁止的农药。

第五章

黄精的采收与初加工

黄精种植3～5年后即可采收，栽培年限过长则衰老的根茎会逐渐空心纤维化，品质降低。当黄精遭受白绢病、根腐病等病虫危害时，为了减少损失要提早采收。由于鲜黄精含有大量水分，不耐贮存，所以黄精采收后也应及时干燥加工，并根据相关标准进行分级，以便于贮存、运输、销售和临床应用，或直接炮制加工成食品、药品等。

第一节　黄精的采收

一　采收时间

黄精根状茎一般种植3～5年即可采收，而种子苗则需要5～6年。10月份黄精地上部茎叶枯萎即可开始采挖，至次年2月底黄精萌芽前结束采挖。

黄精的生长年份影响黄精多糖的含量，一般4～5年生的黄精多糖含量最高。采收时期对于黄精多糖含量也有一定的影响，在11—12月份采收的黄精根茎多糖含量最高。春季随着黄精的萌芽，地上茎叶的生长，根状茎内贮藏的营养物质向地上茎叶输送，根状茎内黄精多糖等营养物质含量迅速下降，至6月中下旬，多糖含量降至最低。黄精折干率从9月份开始呈递增趋势，到次年1月份开始下降，所以黄精的最佳采收时间为10—12月份。

二 采收方法

黄精采收应选择无雨、无霜冻的阴天或多云天气进行。采收时土壤相对含水率在30%左右时，土壤最疏松，易与黄精根茎分离。

采挖时，先去掉地上部茎叶，按垄栽方向，采用二齿锄依次将黄精根状茎挖出，使用竹刀将泥土刮掉，注意不要损伤根茎，保留须根，如有伤根，另行处理。置竹筐或塑料筐中运送到初加工场地。在初加工以前，不要用水清洗。

▶ 第二节 黄精的初加工

一 黄精初加工方法

黄精的初加工主要指黄精干品的制作，通常有3种方式。

1.黄精干

将鲜黄精使用专用黄精脱毛机进行清洗，脱去须根，然后放入蒸锅中蒸至透心，再将整个黄精晒干或烘干，使水分降至15%以下，成为"黄精干"。此为传统黄精产地初加工方法。该法所制成品，亦可用作黄精饮片或九制黄精、酒黄精等原料。

2.生黄精片

将黄精清洗、脱毛（脱须根）后，用切片机直接切片，切片厚度为3～4毫米，再晒干或烘干。也有对鲜切片采用高压蒸制，再用微波真空方法干燥，可节约加工时间，能实现标准化生产。

3.熟黄精片

将黄精蒸制1次后，晒至六成干时进行切片、干燥，切片厚度为2.5～3毫米，切完后再晒干或烘干。

黄精初加工完成后，黄精干中的水分要降至15%以下，才能安全贮存。采用标准包装，置阴凉、通风干燥处，防霉、防蛀保存。

二 黄精现代初加工方法

随着经济社会的快速发展，黄精初加工过程中也出现一些新的现代化加工工艺和设备，如微波干燥、微波真空干燥、高压蒸制法和生物发酵加工等。

1.微波干燥法

将不同等级(一、二、三级)、不同形态(个状、片状)的黄精采用不同方法加工，对其多糖、醇溶性浸出物、水溶性浸出物、总灰分含量变化进行测定，结果显示，蒸制法优于煮制法，切片后蒸制优于个状黄精蒸制，微波干燥法远远优于烘箱干燥法。

微波干燥方法如下：洗净，黄精切片(厚度＜1厘米)，蒸14分钟，微波中火(功率为550瓦)干燥6分钟，或者在烘箱中50摄氏度干燥56小时。

2.微波真空干燥法

在自然晒干法、热风干燥法(烘干)、微波干燥法、真空干燥法和微波真空干燥法中，微波真空干燥法用时短且黄精多糖、总酚、总皂苷损失最少，多糖溶液对超氧阴离子自由基的抑制率最高。微波干燥是内、外同时进行，干燥均匀、用时短，可以减少黄精有效成分的损失；真空可以促进水分蒸发，提高干燥效率。

微波真空干燥法如下：1 000克鲜黄精切片，厚度为0.5厘米，在微波真空干燥机物料箱中的平铺厚度为1厘米，温度为(47±3)摄氏度，真空度为0.08兆帕斯卡，功率为1.5千瓦。

3.高压蒸制法

黄精普通蒸制1小时，干燥后加黄精量20%的黄酒，焖润至酒吸尽，然后分别置蒸锅中蒸制25小时或高压(0.5兆帕斯卡)蒸6小时后取出,烘干、放凉、切厚片。高压蒸制可显著节省加工时间、提高生产效率,如果结合切片法、微波真空干燥法,生产效率和产品质量应该还有提高,并且易于标准化操作。

4.发酵加工法

相比于传统加工法,发酵法可提高黄精抗氧化活性及降低刺激性。发酵黄精活性的提高主要与多糖变化有关,发酵后总多糖含量减少,甘露糖、半乳糖等含量减少,但鼠李糖含量显著增加,岩藻糖等组分含量在发酵后成倍增加,各单糖间的比例发生变化,可以提高黄精生物活性、降低其刺激性,具有重要的实际应用价值。

▶ 第三节　黄精的分级

黄精分级的目的主要是对其生产、流通以及使用过程中的商品规格等级进行评价,以便于临床应用或产品深加工。黄精分级的标准主要根据品种的特征,对其规格大小、性状一致性和品质等指标进行评价。

一 品质评价

《中国药典》1963年版:"以块大、色黄、断面透明、质润泽,习称'冰糖渣者'为佳。"

《中国药典》1977年版:"以块大、肥润、色黄、断面半透明者为佳。"

《中国常用中药材》(1995年,中国药材公司):"以块大、色黄、断面透明状、质润泽、味甜者为佳,习称冰糖渣。商品不分等级,通常要求货干、色黄、油润、个大、沉重以及肉实饱满,体质柔软,并且无霉变和干僵皮。"

《中药材商品规格质量》(1995年)认为:黄精以个大,肥厚,体重质坚

实而柔软;生黄精表面棕黄色,断面黄白色,糖性足;熟黄精以个大,肥厚,蒸透至内外乌黑色,质柔润,气香,味纯甜不刺喉者为佳。瘦弱,糖性少,色暗者为差次。习惯认为姜形黄精质量最好,其次为鸡头黄精,大黄精质较次。

二 多花黄精的分级

一般从黄精药材个体大小、色泽、质地等方面进行评价、分级。

1.中华中医药学会团体标准中多花黄精的分级标准

2018年中华中医药学会发布的《中药材商品规格等级 黄精》(T/CACM 1021.34—2018)中,将多花黄精的感官标准分为4个等级(表5-1)。

表 5-1 姜形黄精(多花黄精)的感官标准

等级	形状	个体大小
1	干货。呈长条结节块状,长短不等,常数个结节相连。表面灰黄色或黄褐色,粗糙,结节上侧有突出的圆盘状茎痕。无杂质、虫蛀、霉变	每千克黄精所含个子数量在115头以内
2		每千克黄精所含个子数量在215头以内
3		每千克黄精所含个子数量多于215头
统货	干货。结节呈长条块状,长短不等,常数个结节相连。不分大小,无杂质、无虫蛀、无霉变	

注:引自2018年中华中医药学会发布的《中药材商品规格等级 黄精》(T/CACM 1021.34—2018)。除要求符合T/CACM 1021.1—2016的第7章规定外,还应无虫蛀、无霉变、杂质少于3%。

2.安徽省地方标准中黄精分级标准

安徽省地方标准《地理标志产品——九华黄精》(DB 34/T 3014—2017),将九华黄精(多花黄精)按感官标准分为5个等级(表5-2)。此外,还可通过5个理化指标(表5-3)评判九华黄精的质量。

表 5－2　地理标志产品——九华黄精感官标准

等级	感官指标			
	单个重量（克）	外观性状	长度（厘米）	周长（厘米）
特级	≥50	干货，多个块状结节相连，生长年限 7 年及以上，结节处膨大，上侧有突出圆盘状茎痕，直径 0.8～1.7 厘米；表面黄色、淡黄色、黄褐色。半透明状，体重质地硬韧、微柔软。断面淡黄色、黄白色，气微、味甜。无须根杂质、虫蛀、霉变、焦枯，无明显斑疤	≥20	≥8
一级	≥40	干货，多个块状结节相连，生长年限 5 年及以上，结节处膨大，上侧有突出圆盘状，直径 0.8～1.7 厘米；表面黄色、淡黄色、黄褐色。半透明状，体重质地硬韧、微柔软。断面淡黄色、黄白色，气微、味甜。无须根杂质、虫蛀、霉变、焦枯，单个斑疤面积＜5％	≥16	≥6
二级	≥30	干货，多个块状结节相连，生长年限 4 年及以上，结节处较膨大，上侧有突出圆盘状茎痕，直径 0.8～1.7 厘米；表面黄色、淡黄色、黄褐色。半透明状，体重质地硬韧、微柔软。断面淡黄色、黄白色，气微、味甜。无须根杂质、虫蛀、霉变、焦枯，单个斑疤面积＜10％	≥12	≥4.5
三级	≥20	干货，多个块状结节相连，生长年限 3 年及以上，结节处较膨大，上侧有突出圆盘状茎痕，直径 0.8～1.7 厘米；表面黄色、淡黄色、黄褐色。半透明状，体重质地硬韧、微柔软。断面淡黄色、黄白色，气微、味甜。无须根杂质、虫蛀、霉变、焦枯，单个斑疤面积＜15％	≥8	≥3.5
统货		干货，结节处较膨大，上侧有突出圆盘状茎痕，直径 0.6～1.7 厘米；表面黄色、淡黄色、黄褐色。体重质地硬韧、微柔软。断面淡黄色、黄白色，气微、味甜。无须根杂质、虫蛀、霉变、焦枯，单个斑疤面积＜50％		≥2.8

注：周长是根茎平均周长。

表 5-3　地理标志产品——九华黄精的理化指标

项目	指标
水分（%）	≤18
总灰分（%）	≤4
酸不溶性灰分（%）	≤1
浸出物（%）	≥50
黄精多糖（%）	≥10

第六章

黄精的炮制

中药炮制是中医长期临床用药经验的总结。中药材的化学成分十分复杂，同一种药材所含的一些化学成分，可能对某种疾病起治疗作用，也可能对该疾病无效甚至是有害的。中药炮制就是要保留发挥治疗作用的成分，去除无效甚至是有害成分的一个去粗取精、增效减毒的过程。其主要作用有：降低中药材毒性，减弱或消除药物的副作用；改变药性，缓和烈性药物的药性；增强药物疗效，改变或增强药物作用的部位和趋向；通过加工使药材便于调剂和制剂，同时更利于安全贮藏及保存药效；矫味去臭，利于服用；除去杂质，纯净药材，确保用药质量和安全性。

黄精炮制加工的目的是分解钝化黏液蛋白，分解中和生物碱，从而除去麻味，以免刺激咽喉，同时将黄精所含的大分子多糖降解成易于吸收利用的小分子多糖，更好地发挥补脾、润肺、益肾的功效。酒制后能助其药势，使之滋而不腻，更好地发挥补益作用。《食疗本草》云："蒸之若生，则刺人咽喉，曝使干，不尔朽坏。"黄精作为一种滋补佳品，不单只是功效好，而且副作用也少，有"北有人参，南有黄精"的说法。

黄精炮制的方法有很多种，比如九蒸九晒、酒蒸法、酒炖法、黑豆煮法、熟地制法、蔓荆子制法、水蒸法等。目前各地最常用的是九蒸九晒法。

▶ 第一节 黄精的炮制方法

黄精是一味药食两用的传统大宗药材，也是生产药品、保健品的重要

原料。随着经济的发展,人们对健康养生越来越重视,黄精的需求量大幅攀升。但是由于《中华人民共和国药典》(以下简称《中国药典》)仅对黄精加工过程中多糖、醇溶性浸出物、总灰分等做了规定,对具体的加工工艺及技术参数未做规定,而各地区关于黄精加工方法的差异较大,容易造成产品质量参差不齐。

一 历史加工方法

自古以来,黄精入药以生用为主,而熟制的黄精既可药用,也可食用。黄精的加工方法主要有洗净阴干、单蒸、重蒸、九蒸九晒、加辅料蒸煮、蒸后切片晒干等。熟制一般时间长,过程烦琐,但是可以去除黄精的刺激性;加入辅料加工,《本草蒙筌》解释为"酒制升提,乌豆汤渍曝并解毒致令平和",即解毒和改变药性。

古今医家根据黄精是入药用还是作为保健食品使用(单服),采用不同的炮制方法。历代将黄精的应用剂型分为4种——丸剂、煎膏剂、汤剂、酒剂,其中丸剂是最主要的剂型。复方中的黄精多要求蒸到烂熟,单独食用要求九蒸九晒。我国现行版的国家中成药标准如《中国药典》《卫生部药品标准中药成方制剂》《国家中成药标准汇编》等收录有黄精成分的中成药有179种,其中以生黄精饮片规格形式入药的有125种,以酒制黄精规格入药的有15种,以蒸黄精规格入药的有19种,以制黄精规格入药的有19种,以奶制黄精入药的有1种。我国黄精的加工方法主要有以下几种:

1.单蒸法

南北朝《雷公炮炙论》中提到"凡采得,以溪水洗净后蒸,从巳至子,刀切薄片暴干用",即单蒸12小时,切薄片晒干后备用。

2.重蒸法

唐代孙思邈《千金翼方》中提到:"九月末挖取根,拣肥大者去目熟蒸,微曝干以蒸,待再曝干,食之如蜜,即可停。"

3.九蒸九晒法

宋代《食疗本草》中提到,黄精加工方法发展为"九蒸九晒",之后多沿用此法。宋代《证类本草》中提到,"黄精……单服九蒸九曝,食之驻颜,入药生用"。黄精作为保健品,以九蒸九晒法加工居多,兼顾了药效和口感,适合长久服用,发挥延年益寿的功效。

4.辅料加工法

宋代有加黄酒熬法,明代有黑豆煮黄精法,清代有酒蒸、蜜蒸等炮制方法。宋纬文编写的《福建省三明市名老药工炮制经验集》提到:取鲜黄精,加入熟地水,用文火煮2小时,取出晒干,再用武火蒸4小时,取出、切片、晒干。

二 药典加工方法

《中国药典》(2020版)中规定,黄精饮片中含有的黄精多糖以无水葡萄糖($C_6H_{12}O_6$)计,其含量不得少于7.0%,水分不得高于18.0%,醇溶性浸出物含量不得少于45.0%,总灰分含量不得超过4.0%。

1.黄精饮片

黄精饮片的加工方法如下:去杂,洗净,略润,切厚片,干燥。

2.酒黄精

加入辅料的黄精加工方法中,《中国药典》仅保留酒黄精的加工方法。酒黄精制法:取净黄精,照酒炖法或酒蒸法炖透或蒸透,稍晾,切厚片、干燥。成品要求表面棕褐色至黑色,有光泽,中心棕色至浅褐色,质软味甜,制黄精多糖以无水葡萄糖($C_6H_{12}O_6$)计,其含量不得少于4.0%,总灰分含

量不得超过4.0%。

三 部分省区加工方法

1.浙江省黄精炮制规范

《浙江省炮制规范》(2005年版)中提到的加工方法如下:将原药材蒸8小时,焖过夜,再反复蒸焖至内外均为滋润的黑褐色或切片再蒸至内外均为滋润的黑褐色。

2.安徽省黄精炮制规范

《安徽省炮制规范》(2005年版)中提到的清蒸法如下:将原药材蒸至棕黑色、滋润时,取出,切厚片、干燥。

3.上海市黄精炮制规范

《上海市炮制规范》(2008年版)中提到的加工方法如下:将原材料蒸至内外滋润,晒或晾至外干内润,切厚片,再将蒸时所得汁水拌入,均匀吸尽、干燥。

▶ 第二节 黄精炮制的理化过程

一 黄精炮制后化学成分与含量的变化

以多糖、氨基酸等组分在炮制前后的变化为指标,测定黄精水、醇浸出物的变化。结果表明,黄精经炮制后,水浸出物平均增加29.03%(冷浸法)和24.62%(热浸法),醇浸出物增加32.54%,总糖量比生品减少12.84%,还原糖含量则增加82.0%,游离氨基酸组分由生品的4个增加到10个。蒸晒一次的黄精,其外观性状达到传统质量要求,成品率高,且浸出物、还原糖的含量增加。同时黄精的刺激性消失。随着蒸晒次数的增加,黄精颜色加深,成品率下降,浸出物、总糖及还原糖含量也呈递减趋势。

据测定，黄精与炮制黄精中总多糖平均含量分别为11.74%和3.77%，黄精与制黄精中粗多糖的提取率分别为13.0%和6.3%，其粗多糖中总糖含量分别为88.39%和60.64%。因此初加工以蒸、晒一次为宜。

二 黄精加工后化学成分的变化规律

黄精的主要成分有多糖、皂苷、黄酮、生物碱、蒽醌、木脂素等，加工后还会产生 5 –羟甲基糠醛(使加工产品颜色变黑)、还原糖、氨基酸等，挥发性成分随着加工次数的增加而减少。

1.加工后糖类的变化

黄精经二蒸二晒、四蒸四晒、五蒸五晒、七蒸七晒炮制后，多糖含量递减，即蒸晒次数越多，黄精的多糖含量越少。研究黄精从生粉到九蒸九晒过程的多糖变化发现，从黄精生粉到三蒸三晒后，多糖含量下降得最剧烈，此后直到九蒸九晒阶段，多糖含量变化的起伏不如之前明显。由黄精炮制前后小分子糖含量的变化发现，黄精生品中检测到的小分子糖为蔗糖、果糖，清蒸8小时或酒蒸16小时后又检测到葡萄糖，3 种糖的含量随炮制时间的延长而增加。从黄精九蒸九晒炮制过程中糖类成分的动态变化研究发现，随着蒸晒次数的增加，多糖含量先减少后趋于稳定；双糖、单糖含量在炮制过程中呈现先增加后递减的趋势，五蒸五晒黄精中的果糖含量最高，七蒸七晒黄精中的葡萄糖含量达到最大值，蔗糖在经过6次蒸晒后无法检出。以上研究结果表明，随着蒸晒次数的增加，部分多糖转化为双糖和单糖，双糖又进一步转化为单糖。

多糖含量的减少和游离氨基酸品种的增加可能与黏液质（多糖与蛋白质的复合体)的分解有关。加工时，黏液质分解，多糖先增加然后又逐渐分解成低聚糖和还原糖，而蛋白质分解成氨基酸，因此出现多糖含量下降、低聚糖和还原糖含量上升(甜度增加)、氨基酸种类增加。

2.5-羟甲基糠醛(5-HMF)的变化

九蒸九晒过程中,随着多花黄精蒸制次数的增多,其外观颜色由浅转深,气味转为香甜醇厚;多糖含量呈先上升后下降的趋势;5-HMF含量呈上升趋势。在清蒸20小时、酒炖25小时后,黄精中的还原糖含量分别达到最大值;在蒸制30小时后,黄精中的5-HMF含量急剧上升。

3.水浸出物、醇浸出物、游离氨基酸、皂苷等的变化

黄精炮制后水浸出物、醇浸出物增多,游离氨基酸由生品中的4个增加到10个;蒸烘到一定次数后,浸出物、总糖及还原糖含量均呈递减趋势;加工后黄精中的皂苷含量下降。

随着加工的进行,还原糖与氨基酸发生美拉德反应,生成5-HMF,或由葡萄糖、蔗糖、果糖等己糖在酸性环境中受高温条件影响,分解产生5-HMF。5-HMF是一个有争议的成分,兼有毒性和药理作用。

黄精加工到一定时间和次数后,其有效成分开始下降,争议成分如5-HMF增加或急剧增加。目前,黄精品质的判断依据主要以黄精多糖、醇溶性浸出物、水溶性浸出物、总灰分含量等为指标,这些指标似乎比较笼统,因为加工后的多糖含量是下降的,但是药理作用并没有减少,反而减毒增效,说明多糖分解产物低聚糖和还原糖应该也具有药理活性,或者加工后生成新的具有药理活性的产物。因此,选取黄精多糖、黄精中总皂苷、5-HMF等几个更具有代表性的标志物作为指标来评价加工后多花黄精产品品质,可能更为准确。

三 药理研究

将生黄精及清蒸品、酒蒸品的水提醇沉液按每千克体重450克/24小时(相当于原生药)的剂量给小鼠灌服。结果,生品组小鼠全部死亡,而炮制组小鼠均无死亡,且活动正常。黄精经酒制后,含糖量增高,蒸制后,麻

喉的刺激性消失。由此表明,炮制后黄精的有毒有害物质被清除。

▶ 第三节　黄精干的加工

黄精干是黄精生产中最常见的初级产品。

一　原料和工具

鲜黄精、蒸制设备（大铁锅+竹制蒸笼或木制蒸桶+纯棉白布或土布）,陶缸（或304、316等食品级不锈钢盆）、竹筐、竹木制晾晒架、竹簸箕、竹簾等。

二　操作流程

1.清洗

取秋冬季采挖的个大、肉质肥厚充实、大小均匀的黄精,剔去枯死、有病虫斑的黄精,去掉须根、杂质,清洗干净。

2.蒸制

将洁净鲜黄精放入蒸制设备。猛火加热至锅盖冒大气,维持30分钟,再文火加热1小时,至黄精横断面呈玻璃色,捞起,用竹簸箕、竹簾晒干。白天晒,晚上收,晒至黄精八成干为止,如图6-1所示。将晒干的黄精再次分拣,剔去残次品。

3.去皮

将晒干拣选后的黄精放入撞皮机内,撞去表皮。若无撞皮机,可将少量黄精装入尼龙编织袋内,反复摔打,直至除去表皮。

4.清洗

将除去表皮的黄精清洗干净。

图6-1　黄精干晒制

5.晒干

将清洗后的黄精再次晒干。晒至含水量为15%以下即为成品,如图6-2所示。

6.分级

将晒干的黄精按《中药材商品规格等级　黄精》中的规定进行分级,然后采用标准包装,置内、外标签,置于阴凉、干燥、防鼠、防虫的仓库存放。

图6-2　黄精干成品

7.入库

做好产品生产、入库、加工台账记录,备查。

▶ 第四节　九制黄精的加工

九蒸九晒法是黄精的传统炮制方法,其成品就是"九制黄精",特点是

消除了生黄精的麻嘴味，所含多糖等营养成分更易于人体吸收和利用，提高了药用价值。

一　原料和工具

鲜黄精或黄精干,蒸制设备(大铁锅+竹制蒸笼或木制蒸桶+纯棉白布或土布)、陶缸(或304、316等食品级不锈钢盆)、竹筐、竹木制晾晒架、竹簸箕、竹簾等,如图6-3至图6-6所示。

图6-3　黄精土法蒸锅

图6-4　不锈钢蒸架

图6-5　日光晾晒场(一)

图6-6　日光晾晒场(二)

二　操作步骤

1.第一次蒸晒

取秋冬季节采挖的个大、肉质肥厚充实、大小均匀,无枯死、无病斑的黄精,去须根、杂质等,采用高压水枪、棕刷将其清洗干净,尤其要注意将结节处的泥沙清洗干净。放入蒸制设备中,用大火烧开上气,维持30分钟,再用文火加热1~2小时,至黄精横断面呈玻璃色,取出,置竹簸箕、竹簾中晒干(约八成干为宜)。白天晒,晚上收。遇阴雨天气则放入烘房内烘干。将晒干的黄精进行再次拣选,剔去残次品。

将晒干拣选后的黄精放入去皮机内,撞去外皮。若无去皮机,可将少量黄精装入尼龙编织袋内,反复摔打,直至将外皮全部除去。

将除去外皮的黄精清洗干净,放入蒸制设备(若采用黄精干加工,则将黄精干加水浸泡2小时,清洗干净后直接蒸制),加热至锅盖上冒出大量蒸气,停火焖1小时,取出,日晒夜露,切勿淋雨。阴雨天气,低温冷藏,以待晴日。或用烘房烘制,温度控制在50摄氏度左右,烘至表皮干爽、手握无潮湿感为宜。

2.第二次蒸晒

将除去外皮的黄精清洗干净,放入蒸制设备中(若采用黄精干加工,则将黄精干加水浸泡2小时,清洗干净后直接蒸制)。先用大火烧开上气,维持40分钟,再用文火蒸50分钟,焖1~2小时取出,摊凉后放在竹簸箕、竹簾上晾晒,日晒夜露,切勿淋雨。阴雨天气,低温冷藏,以待晴日。晒至表皮干爽、手握无潮湿感为宜。

3.第三次蒸晒

将第二次晒好的黄精放入蒸制设备中,用大火烧开,维持30分钟,再用文火蒸40分钟,焖1~2小时取出,摊凉后放在竹簸箕、竹簾上晾晒,日晒夜露。据天气情况,一般露晒1~3天,晒至黄精表皮目测无水分感即可。

4.第四次、第五次蒸晒

将前次晒制的黄精放入蒸制设备,先用大火烧开,维持20分钟,再用文火蒸40分钟,焖1~2小时取出,沥干后晒、露,方法同第二次。

5.第六次至第九次蒸晒

从第六次开始,同样是将上一次晒制的黄精放入蒸制设备,大火烧开后改用文火,以文火为主,时间从40分钟开始并逐步减少,第七次35分钟,第八和第九次均为30分钟左右,然后焖1~2小时,取出沥干水分,再晒、露,方法同第二次,直至八成干,如图6-7至图6-11所示。从第一次蒸晒到第九次蒸晒,黄精由黄色逐渐变至黑褐色,味甘甜且无麻涩感。至此,九制黄精制作完成,如图6-12、图6-13所示。

图6-7　九制黄精(3晒和4晒)

图6-8　九制黄精(第6次蒸制)

图6-9　九制黄精(第6次晾晒)

图6-10　九制黄精(第8次蒸制)

图6-11　九制黄精(第8次晾晒)

图6-12　九制黄精(成品外观)

图6-13 九制黄精(成品内质)

6.贮存

将晒制完成的九制黄精装入密闭聚乙烯桶或陶缸中,置阴凉处存放。

7.包装

微波或湿热灭菌后,采用全自动食品包装机进行真空包装。室温超过25摄氏度时,应将制成品置于2～10摄氏度冷藏库储藏。

以上是九华黄精的传统"九蒸九晒"加工方法。其工艺特点是:火候前猛后文,小火多焖,日晒夜露。某些地区的九制黄精加工技艺中没有"夜露"这个环节,品质和口感略有差异。

三 注意事项

要求晾晒场地附近无污染源,远离公路、工厂、矿山、垃圾场等(500米以上);晒场为水泥地坪,晒场外为草坪;晾晒支架采用竹木或不锈钢制作,蒸锅采用优质铸铁锅或304、316不锈钢制作;蒸笼(蒸屉、蒸桶)采用杉木、毛竹、竹箬等制作;燃料宜采用木柴;大火即武火、猛火,文火为小火,

焖为木柴燃烧后的炭火、灰烬热量。大风扬尘天气、沙尘暴天气、雾霾天气均不能晾晒、夜露。

▶ 第五节　酒黄精的加工

采用酒蒸法加工的黄精,习称"酒黄精",其加工过程与九制黄精基本相似,只是在黄精干清洗后加入黄酒闷润吸收。

一　原料和工具

黄精干100千克、黄酒20千克,蒸制设备(大铁锅+竹制蒸笼或木制蒸桶+纯棉白布或土布)、陶缸(或304、316等食品级不锈钢盆)、竹木制晾晒架、竹簸箕、竹簾等。

二　操作步骤

1.拌黄酒

将黄精干用清水冲洗干净,沥干水分,再与适量(约黄酒总量的20%)黄酒拌匀(有的另加少量地黄),并闷润至酒吸干。

2.第一次蒸制、晒干

要求第一次蒸至黄精中央发虚为度(每次蒸制过程中都注意收集黄精汁),取出置竹簸箕、竹簾中晾晒,晒至黄精外皮微干,然后将黄精放入陶缸,拌入黄精汁和适量黄酒,并闷润至辅料吸尽。

3.第二次至第七次蒸制、晒干

按第一次蒸制、晒干方法,再蒸、再晒至外皮微干,然后拌入黄精汁、适量黄酒,使其闷润吸收。如此再反复蒸晒6次。第二次至第七次蒸制使用黄酒总量的70%。

4.第八次蒸制、晒干

最后将剩余的黄酒(约黄酒总量的10%)及黄精汁一起拌入、闷润,蒸至外表棕黑色、有光泽、中心深褐色、质柔软、味甜为度。

5.包装

将蒸制后的酒黄精晒至八成干,进行灭菌、真空包装。

三 注意事项

蒸制加热时,宜采用天然木柴作为燃料,先用猛火将水烧开,在蒸汽上升至顶部溢出后维持20～30分钟,随后文火加热维持1小时,然后用微火(炭火)焖2～3小时。

每次蒸制后视天气情况,晾晒1～2天,整个蒸制晾晒过程4～6周。黄精成品要达到"黑如漆,光如油,汁吸尽"的效果。

▶ 第六节 黄精芝麻丸的加工

一 场地与设备

1.场地

标准化原料仓库、成品仓库;食品级生产加工车间;水泥地坪晒场,有条件的可以建玻璃日光晾晒场。

2.晾晒设备

带滚轮的木制或轻钢焊接的晾晒支架若干(据需要制作,单层或多层)、竹簸箕、竹簾等。

3.蒸制设备

蒸制设备包括大铁锅+竹制蒸笼或木制蒸桶+纯棉白布或土布。有条

件的可采用食品级不锈钢制作的蒸制机器。

4.加工设备

机械化或半机械化的铸铁炒锅或电炒锅、原料精磨加工设备（磨粉机）、搅拌机、制丸机（自动包装机）、打码机等。

二 原料配比与要求

黄精10% ~ 15%,黑芝麻55% ~ 60%,黑豆10% ~ 15%,黑米5% ~ 10%,蜂蜜10% ~ 15%。黄精、黑芝麻、黑豆、黑米等都要求为当年产新品,无霉变;蜂蜜要求新鲜、纯净、无杂质。

三 加工步骤

1.清洗浸泡

将原料黑芝麻、黑豆、黑米、黄精进行精选、清洗,确保其洁净;然后将黑芝麻、黑豆、黑米进行浸泡,并同时进行漂洗筛选,除去秕粒。

2.蒸煮

将浸泡后的黑芝麻、黑豆、黑米和黄精加入蒸制设备中蒸制,蒸制时间约2小时,以确保蒸汽将所有原料蒸透。

3.蒸晒

将蒸透的黑芝麻、黑豆、黑米、黄精进行晾晒,晾晒1 ~ 2天后,将其加入蒸制设备进行第二次蒸制,再晾晒。如此重复蒸制、晾晒9次。

4.炒干

将蒸晒完成的黑芝麻、黑豆、黑米等加入到炒制设备中炒干。

5.磨粉

将炒好的黑芝麻、黑豆、黑米和制黄精加入到研磨设备中,研磨成细粉。

6.炼蜜

将蜂蜜用过滤设备去除杂质,加入到精炼设备中进行熬煮。炼蜜的目的是除去蜂蜡、杂质,破坏酵素和生物酶,杀死微生物,蒸发水分,使蜂蜜达到滴蜜成珠的程度。

7.混合

将研磨好的黑芝麻、黑豆、黑米和黄精细粉与精炼后的蜂蜜一起加入到混合设备中充分混合,反复搅拌揉捻,得到均匀一致、黏稠的原料馅。

8.制丸

将原料馅加入制丸机,制成均一的黄精芝麻丸(每丸重约10克),蜡纸包裹后真空包装。产品置阴凉干燥处保存。

（四）注意事项

一是小颗粒的芝麻、黑豆等要与黄精分开蒸晒;若一同蒸制,要将黄精或芝麻等用棉布袋分装蒸制。黄精可以使用蒸晒5次以上的制黄精直接加工。

二是不得在工厂或道路两边设置晾晒场;晾晒场地要求干净、无灰尘;雾霾和大风天气不宜晾晒原料。晾晒过程中,黑芝麻、黑豆、黑米摊晾厚度要小于1厘米,勤加翻动,以保证均匀干燥。

三是每次蒸制时,都要对原料进行一次淘洗,避免黑芝麻、黑豆、黑米、黄精表面沾染灰尘等杂质。

四是翻炒设备为自动或半自动翻炒锅,远红外线、微波烘焙箱等;炒制时要注意掌握火候,控制好温度,防止炒焦。

（五）产品特点

黄精芝麻丸含有多糖、蛋白质、氨基酸、纤维素、维生素、皂苷等营养成分,以及各种大量元素和微量元素,具有防止肌肤老化、清热解毒、补

血养肾、抗老防衰、调节免疫力、调节血脂、改善记忆力、抗肿瘤等功能。通过"九蒸九晒"加工技艺,将黄精、芝麻、黑豆、黑米等营养和保健价值发挥到极致,同时还克服了单纯服用所带来的缺点,是一款老少皆宜的营养保健食品。

▶ 第七节　黄精茶的加工

黄精茶即黄精饮片,是黄精蒸晒炒制的熟片,口感较好。

一　原料和工具

鲜黄精或黄精干、蒸制设备(大铁锅+竹制蒸笼或木制蒸桶+纯棉白布或土布)、陶缸(或304、316等食品级不锈钢盆)、竹筐、竹木制晾晒架、竹簸箕、切片机、炒锅等。

二　加工步骤

1.清洗

取秋冬季节采挖的个大、肉质肥厚充实、大小均匀,无枯死、无病斑的黄精,去须根、杂质等,采用高压水枪、棕刷将其清洗干净,尤其要注意将结节处的泥沙清除干净。

2.蒸制

将清洁的鲜黄精放入蒸制设备,用大火烧开上气,维持30分钟,再文火加热1小时,焖1～2小时,至黄精横断面呈玻璃色,取出,置竹簸箕或竹簾中晒干(约八成干为度)。将晒干的黄精进行再次分拣,剔去残次品。

3.去皮

将晒干拣选后的黄精放入撞皮机内,撞去外皮。若无撞皮机,可将少量黄精装入尼龙编织袋内,反复摔打,直至将外皮全部除去。

4.清洗

将除去外皮的黄精清洗干净。

5.第二次蒸晒

将清洗干净的黄精放入蒸制设备,大火加热至锅盖上冒大气,维持30分钟,再焖1小时取出,晒至表皮干爽、手握无潮湿感为宜。若采用黄精干加工,可省去步骤1~3,将黄精干加水浸泡2~3小时清洗干净后,直接放入蒸锅中蒸制。

6.第三次蒸晒

将晒好的黄精放入蒸制设备,大火烧开蒸20分钟左右,再焖1小时左右取出,晾晒至七成干,以能顺畅切片为宜。

7.切片

将晒至半干的黄精用切片机切片,厚度2.5~3毫米,防止连片。将切好的薄片先晾后晒(或烘干),再筛去粉末碎粒放入竹筐。

8.炒制

将晒干的黄精片放入炒锅中,用文火炒透,用时20分钟左右,炒至黄精片泛黄时取出。摊凉至室温,采用分选机按大小进行分级,如图6-14、

图6-14　黄精茶(一等品)

图6-15所示,筛去粉末碎屑即为成品,水分在15%以下。置密封桶内,存阴凉干燥仓库贮藏或直接包装销售。

炒制时要注意掌握好火候,控制好温度,防止炒焦。

图6-15 黄精茶(统货)

▶ 第八节 其他黄精产品的加工

黄精作为我国传统中药之一,具有悠久的药用历史。在食品应用开发中,黄精作为药食同源的传统中药,已经具备了研发功能性产品的条件。

与临床用药中黄精面对的患者不同,黄精在食品加工方面面对的是所有追求健康的大众,黄精食品加工的研究前景更加广阔,这是黄精产业发展的新机遇。如黄精酒、黄精功能饮料、黄精粉、黄精饼干、黄精酥等食品,具有方便、速食、营养价值高的特点,既可以当作休闲零食,又可以作为主食补充日常能量需要,符合当今社会快节奏的生活方式,可以满足人民群众多层次、多样化的健康需求。

一 黄精饮料的开发

功能性植物饮料是指将具有某些特殊效用的植物加工、配制成具有特殊性能的饮品。黄精作为一种功能性突出、药食两用的植物原料,安全性高,副作用少,非常适合制作功能饮料。如以蓝莓为主要原料,加入黄精、山药等辅料,配制成营养及美味并重的复合功能性植物饮料,罐装,杀菌,制成具有益肾功能的成品,感官品质高。

除了黄精液体饮料外,还可将黄精提取物与其他原料加工制作成黄精固体饮料,如黄精泡腾片、黄精粉等。与黄精液体饮料相比,黄精固体饮料更易于生产、保存及储运,既可以作为黄精相关产品的原料,便于利用,也可以随时随地冲泡饮用,便于携带。黄精饮料发展前景广阔,不仅可以有适宜的口感,还可以有丰富的营养,值得研究人员进一步探索开发。

二 黄精酒的开发

黄精酒制品因具有一定保健功效,而被越来越多的消费者所接受黄精酒的制备一般需要经过破碎、过滤、静置澄清、发酵等程序。制作成的黄精酒口感丰富,具有更多的风味及营养成分,长期少量服用,具有保健作用。

直接将糯米和黄精发酵制成低浓度黄精酒,具有保健功效,酒性温和。有研究发现,黄精对于酿酒酵母的生长有促进作用,大大缩短了米酒的发酵周期,发酵型黄精米酒的抗氧化能力是浸提型黄精米酒的2倍。

三 黄精酸奶的开发

酸奶因为其独特的味道以及促进肠道消化功能而广受大众喜爱。功能性酸奶是一个具有广阔发展潜力的新方向。

可以将黄精加入酸奶提高酸奶的品质,增加其营养价值。将黄精多糖提取物加入发酵的牛乳中,再加入其他辅料,与不添加黄精多糖的发酵酸奶进行对比,发现黄精多糖对乳酸菌具有增殖作用,加入黄精多糖的酸奶不仅在营养方面更胜一筹,而且在促进消化方面也比原酸奶品质更高。并且因为乳酸菌的发酵,酸奶会产生后酸化,而黄精多糖对酸奶的后酸化有一定的抑制作用,可以延长酸奶的保质期。

第七章

黄精的食药用价值

黄精是一种药食同源的植物，其功效在许多医药典籍中都有详细记载，比如《神农本草经》《本草纲目》《遵生八笺》等。《本草纲目》有：黄精为服食要药，故《别录》列于草部之首，仙家以为芝草之类，以其得坤土之精粹，故谓之"黄精"。在民间也素有"北人参，南黄精"之美誉。越来越多的医学研究表明，黄精具有改善心血管功能，起到降血脂、降血糖、抗衰老、抗病毒等作用，对肺结核、糖尿病、冠心病、腹泻、便秘、失眠等病症都有较好的疗效。

▶ 第一节　黄精的营养价值

一　黄精的营养成分

黄精营养丰富，不仅含有5%~20%的黄精多糖，以及皂苷、黄酮类、木脂素、氨基酸、生物碱、醌类化合物、维生素等活性物质，还含有钾、钙、镁、硼大量元素和铜、钼、硒等多种微量元素。黄精不仅能为人体提供能量需求，而且其含有的皂苷、黄酮、氨基酸、维生素等活性成分更有益于人体健康，是大自然馈赠给人类的健康食品。

黄精在我国分布很广，且地理纬度跨度很大，因生长地区的气候、土壤等条件的不同，造成块茎物质组成存在明显差异，从营养成分指标的相关性表明，不同种源的黄精在生长特征及光合特性上均存在显著差

异,这可能与最终块茎营养物质的积累存在差异有关。这说明黄精有一定的优势产区,能产出富含更多营养成分的产品,也有更适宜加工的黄精原料和产品。

1.甾体皂苷

黄精中含有大量的甾体皂苷和较少的三萜皂苷,甾体皂苷是黄精属的特征性成分。甾体皂苷具有多种生物活性,具有调节血糖、调节免疫、抗肿瘤、改善记忆和去痰止咳的功效。

2.异黄酮

异黄酮是类黄酮中的一类特殊化合物。高异黄酮的骨架在B环和C环之间比异黄酮的骨架多一个碳原子。目前研究表明,可以从黄精中分离出26种异黄烷酮。黄酮类具有消除疲劳、降血脂、降血糖、保护血管、防止动脉粥样硬化、扩张毛细血管、抗衰老和抗菌、活化大脑细胞和其他脏器细胞等多种功效。

3.黄精多糖

多糖是通过糖苷键相互连接的单糖残基的聚合物。黄精多糖是黄精化学组成的一个重要活性成分,由不同比例的单糖组成,主要包括甘露糖、半乳糖、葡萄糖、果糖、鼠李糖、阿拉伯糖和半乳糖醛酸。黄精多糖的水溶性组分以低毒性著称,具有各种活性和作用,适合长期服用。黄精多糖是黄精甜味的主要来源,这使得黄精食品从口感上更容易被接受。目前,黄精多糖被广泛用于心血管疾病和其他疾病的传统中医治疗。

4.氨基酸及矿物质元素

黄精中含有丰富的氨基酸,种类多达18种,由10种非必需氨基酸和8种必需氨基酸组成,其中苏氨酸和丙氨酸含量较为丰富。同时检测出多种无机元素,其中包含钙、镁、钾、钠、磷、铁等常量元素,还含有锌、硒、铬、钴、锰、钼等微量元素。

5.挥发性成分

黄精中所含的挥发性成分主要是烃类、萜类和醛酮类,不同地区的黄精的挥发性成分差异较大。经过炮制的黄精中的挥发性成分含量明显降低。黄精挥发油具有抑菌和抗肿瘤生物活性。

6.其他成分

据研究,从黄精中分离纯化出4种木脂素化合物,分别为右旋丁香脂素–O–B–D–吡喃葡萄糖苷、右旋丁香脂素、右旋松脂醇–O–B–D–吐喃葡萄糖基(6-1)–B–D–吡喃葡萄糖苷、鹅掌椒碱。木脂素具有显著的自由基清除和抗脂质过氧化作用,酚羟基的存在可使抗氧化活性大为增强,某些木脂素还具有cAMP磷酸二酯酶抑制活性、增强免疫力、促进糖原和蛋白质的合成等多种作用。木脂素还具有抗肿瘤、抗病毒、保护肝脏等作用。

另外,从黄精和多花黄精中还分别分离出11种和7种生物碱类成分,生物碱的主要类型有β–咔啉类、吲哚嗪酮类、酪胺类等。黄精中含有甾醇类化合物,目前已分离得到4种化合物。

▶ 第二节　黄精的药用价值

黄精是我国传统中药,已有2 000多年的应用历史。中医学认为,黄精因其性平、味甘,入肺、脾、肾经,所以具有温润心肺、补中益气、美容养颜、补肾益精、强筋骨、补精髓、益智、舒缓五脏、调寒热等功效,用于治疗心肺气虚、脾胃虚衰、肾虚肺燥、肺阴亏虚之虚痨咯血、阴虚内热之消渴、身体倦怠乏力等症,同时也是多种中药复方的重要组成成分。黄精所含的主要功能成分是黄精多糖,具有抗肿瘤、降血糖、调节免疫力、抗菌消炎等作用,同时对身体也有很好的滋补功效。此外,黄精根茎中含有的黄酮类、甾体皂苷、生物碱等也是重要的生物活性成分,其中高异黄酮类更

是自然界少见的天然产物。

黄精作为一种具有保健效果的重要药材,充分体现了药食两用性,具有补气滋阴、润肺益肾等功效,可用于脾胃虚弱、肺虚干燥、精血不足等症状。并且黄精性平和,不良反应少,药理功能多,被广泛应用于临床治疗中。

黄精的药理作用主要是通过抗氧化、抗炎、调节激素代谢水平及改善信号通路等实现,它具有延缓衰老、改善记忆力、提高人体免疫力、抗炎、抗病毒、抗肿瘤等作用,用于治疗冠心病、高脂血症、糖尿病、肝肾化学性损伤、消耗性疾病及老年体弱及病后恢复期患者的多种病症。近年的研究发现黄精对于神经细胞、心肌细胞、造血细胞及生殖细胞的损伤有很好的修复和再生功能,从而起到防病治病、延缓衰老的作用,进一步印证了黄精作为养生药物的依据。黄精的药用价值主要表现在以下几点。

一 增强人体免疫力

增强免疫力、抗击外源性微生物入侵,是现代医学追求的目标。而黄精在增强人体免疫力方面优势显著,得到了普遍认可和推崇,具体表现为提高免疫器官质量、增加机体免疫球蛋白含量与免疫系统活性等。黄精的免疫激发和免疫促进程度视机体的健康状况而定,对正常机体是中度激发,而对免疫力低下的机体则是高度激发。因此,黄精是中医"治未病"的重要药材。

二 调节神经系统功能

1.可以抑制神经细胞凋亡

人及动物在缺血、缺氧条件下,中枢神经系统会产生大量的自由基,从而导致神经细胞凋亡或坏死,引起神经功能缺损。而人类及动物在衰老过程中,同时伴随细胞染色体末端端粒缩短及端粒酶的活性下降,因此清除自由基、抑制细胞染色体末端端粒的缩短及端粒酶活性的下降，能有效对抗衰老及减轻缺血性神经细胞损伤和凋亡。而多花黄精中的总黄酮对羟基自由基具有较强的清除作用，黄精可能还有抗神经细胞凋亡的作用，提示在神经功能损伤早期使用黄精制剂有可能成为抗自由基损害、减少细胞损伤和凋亡的有效治疗方法。

2.抑制多巴胺神经元的凋亡

有关研究认为，多巴胺神经元凋亡被认为是引起帕金森病的主要原因之一。而酪氨酸羟化酶是多巴胺生物合成途径的关键酶，而帕金森病正是由于黑质纹状体多巴胺严重不足导致的一种神经变性疾病，当帕金森病发病时，酪氨酸羟化酶的表达及酪氨酸羟化酶阳性细胞数均呈现出不同程度的减少。有关研究证明，黄精多糖具有抑制多巴胺神经元凋亡、促进多巴胺神经元再生的作用。

3.改善记忆力，预防老年痴呆

黄精作为补益中药，具有提高记忆力及学习能力的独特作用。其效应主要是改善了神经突触的功能。

4.抗抑郁作用

抑郁症是躁狂抑郁症的一种发作形式，以情感低落、言语动作减少、思维迟缓为典型症状。研究表明，黄精可以通过提高神经递质、调节信号通路，发挥其抗抑郁效果。

（三）保护心肌细胞

细胞死亡有两种方式，即坏死和凋亡。心肌缺血导致心肌细胞凋亡是一直以来的研究热点。实验表明，黄精可使离体蟾蜍心脏收缩力增强，并可抑制心肌细胞凋亡，对心肌细胞具有保护作用。而黄精提取物可减轻试验性心肌缺血大鼠细胞内各种酶类的释放，防止心肌钙超载，减轻脂

质过氧化，同样可实现保护心肌的作用。黄精多糖可能通过抗氧化、抗炎、降低心肌组织中细胞间黏附分子-1（ICAM-1）、血管细胞黏附分子-1（VCAM-1）的蛋白表达保护异丙肾上腺素导致的小鼠心脏重塑。由此可见，黄精实现保护心肌细胞的作用主要是通过抑酶、抗炎、抗氧化实现，这种作用途径类似一些化学心肌保护剂。

（四）保护肝肾

黄精对于肝、肾具有很好的保护作用，通过抗氧化作用，降低肝酶活性，提高肝蛋白活性，消除生物体在新陈代谢过程中产生的有害物质，并且可降低肌酐及尿素氮水平，共同实现对肝、肾的保护作用。

（五）调节血脂、降低血糖

黄精具有显著的降血糖、调血脂功效，因其作用缓和、不良反应较少，临床应用广泛，可有效防治高血糖、高血脂带来的一系列并发症。实验证明，黄精能通过多种途径实现控制血糖、血脂的目的。

（六）治疗男性不育症

黄精可增强前列腺、精囊腺质量，发挥雄性激素样作用。采用含有黄精成分的养精胶囊可显著提高弱精子症患者精子密度、总数、活力、活动率，显著降低精子的畸形率；对于精子DNA碎片率（DFI）异常的弱精子患者，可以明显改善精子DNA完整性。黄精所具有的延年益寿的作用与提高生物激素的分泌密不可分。

（七）抗肿瘤

研究表明，多花黄精粗多糖可有效促进荷瘤鼠的胸腺和脾脏的生长发育，并通过提高动物的免疫能力来控制和杀灭肿瘤细胞，有较强的抑制S180肉瘤细胞、人乳腺癌细胞增殖的作用。通过对黄精有效成分进行体外抗肿瘤实验发现,黄精多糖通过抑制肿瘤细胞增殖,诱导肿瘤细胞凋亡和自噬,从而对恶性肿瘤细胞产生抑制作用。

(八) 抑菌消炎作用

黄精对多种细菌及真菌的抑制作用突出,黄精多糖拥有多种生物学功能,为天然抑菌剂。临床应用表明,黄精可抑制哈氏弧菌,并破坏其生物膜,从而达到抗菌效果。黄精多糖对白色葡萄球菌、副伤寒杆菌、大肠杆菌等有较强的抑制作用,大剂量使用时对金黄色葡萄球菌也产生明显抑制作用。黄精汤及其制剂用于治疗肺结核和耐药性肺结核取得较好的临床疗效,与药物治疗等效,且患者肝肾功能并无异常,证明黄精具有抗结核杆菌作用,且安全有效,毒副作用小。

黄精制剂与非甾体类抗炎药联合应用,在减少膝关节骨性关节炎患者疼痛评分(VAS)水平上存在时间效应,并可减少患者血清中IL-1、IL-33及基质金属蛋白酶13(MMP-13)的含量,能有效抑制炎症反应,控制病情发展。

(九) 改善骨质疏松

中药治疗骨质疏松症主要是通过对机体整体进行调节,从而促进机体内在功能的恢复。有研究报道,黄精多糖可显著提高小鼠的碱性磷酸酶(ALP)和骨钙素(BGP)的表达,可能是因其具有促进小鼠骨髓间充质干细胞向成骨细胞分化的作用,且随药物浓度的升高促进作用逐渐增强。实验证明,高剂量(500毫克/毫升)黄精多糖可显著促进骨髓间充质干细胞骨向分化过程中BMP-2和Ⅰ型前胶原氨基端前肽(PINP)的表达,从而促进小鼠骨髓间充质干细胞成骨分化。另有实验证明,黄精多糖通过Wnt/β-连环蛋白信号通路阻断骨细胞生成,从而抑制骨质疏松症。

十 改善贫血

黄精对造血系统的干预体现在四个方面：增加成熟血细胞数量及改善其功能，改善造血器官及造血诱导微环境，平衡造血调节因子水平，促进造血细胞增殖。

人体的衰老是一个系统的、渐进式的过程。人体衰老的过程，不仅表现为造血功能的减退、消化及降解代谢能力的下降、神经系统的老化、功能丧失，更表现为免疫能力的降低，导致病菌更易侵染或发生癌细胞分化，从而引起各类疾病。黄精所含多糖和黄酮类物质等成分能够促进蛋白质的合成，同时减少细胞内像脂褐质类的代谢废物的含量，进而使抗脂质过氧化能力增强，增强SOD活性；清除自由基，减少体内因自由基反应引起的对机体的损伤，从而表现延缓衰老的作用。

综上所述，黄精作为药食两用植物，由于其优异的综合抗病、延缓衰老的功能，在我国人口老龄化日趋严重的今天，推广应用黄精系列食品，对于提高人体免疫力、预防老年病的发生具有积极作用。

目前，以黄精为主要原料申报的保健食品多达千种，申报功能主要集中在增强免疫力、缓解体力疲劳、辅助降血糖等，产品剂型主要有胶囊、片剂、酒剂、口服液、颗粒剂等，主要品种有黄精黄酒、黄精糖、黄精复合果汁、黄精酸奶、黄精茶干、黄精面条、黄精豆腐、黄精糯米酒、黄精代用茶、黄精固体饮料、黄精粉丝等。市场上以黄精为主要原料的普通食品有黄精酒、黄精茶、黄精速溶冲剂、黄精压片糖果、黄精口服液等。黄精产品的不断开发，促进了黄精产业的发展并带来良好的经济效益。

第三节 黄精的常用营养食谱

黄精除作药用外,还可加工成各类营养美味的膳食菜肴,给人们带来丰富的营养,促进人体健康。

黄精加工炮制后入口甘甜无异味,质地滋润而不粗糙,且具有独特的香气,有较好的风味和适口性,其含有的黄色色素在普通的加工条件下能表现出很好的稳定性。在全国各地黄精产区,人们常常食用蒸熟的黄精或将黄精制粉掺入主粮食用;在安徽池州九华山一带,当地的农民和僧侣均会自己烹制黄精食品。黄精菜肴,也是民间利用黄精的方式之一,民间以黄精制作药膳的品种、方法有很多,食疗效果都比较理想。下面具体介绍一些黄精常用的营养保健食谱。

一)黄精鸡汤

1.原料

母鸡1只(1 000～1 500克),鲜黄精100克(或黄精干50克),料酒、盐、味精、白糖、葱段、姜片各适量。

2.加工方法

母鸡清洗干净,切块、焯水,黄精清洗干净,一起放入瓦罐(或砂锅)中,加入料酒、盐、味精、白糖、葱段、姜片,冷水足量。猛火烧开,文火煨2～3小时至鸡肉熟烂,拣去葱、姜,出锅即成。黄精可一起食用。

3.功效

补中益气、润肺补肾。适用于体倦乏力、虚弱羸瘦、胃呆食少、肺痨咯血、筋骨软弱、风湿疼痛等病症。

二 五味养生鸡

1.原料

老母鸡1只(约1 500克),黄精50克,枸杞子50克,女贞子50克,何首乌50克,墨旱莲50克,大葱5克,姜10克,料酒15克,盐5克,味精2克。

2.加工方法

将黄精、枸杞子、女贞子、何首乌、墨旱莲洗净,切碎,装入纱布袋中,扎口备用;将老母鸡去内脏,焯去血水,漂净;葱切段,姜切片;锅中加清水3 000毫升,放入药物袋,文火煎1个小时;将鸡浸没汤中,旺火烧沸后再用文火煮3个小时;鸡肉熟烂后去药袋,加入葱段、姜片、料酒、盐、味精,旺火煮沸即可。

3.功效

滋阴养血,补肝肾,益精血,常用于须发早白、头昏眼花等肝肾精血不足之早衰症。注意:宜少量多餐,不宜过量进食,常食有益。消化不良者慎用,忌与猪血、萝卜及大量葱、蒜同食。

三 黄精老鸭汤

1.原料

二年生麻鸭1只(1 000~1 500克),鲜黄精100克(黄精干50克),盐、料酒、味精、白糖、姜片等适量。

2.加工方法

将麻鸭清洗干净,切块、焯水,黄精用清水冲洗干净,随姜片一同放入瓦罐(或砂锅)中,加入盐、料酒、味精、白糖,加足冷水。猛火烧开,文火煨2小时,鸭肉熟烂后拣去葱、姜,出锅即成。

3.功效

滋阴润肺。但脾胃虚寒、大便稀薄的人不宜过多食用。

（四）黄精枸杞鸽子汤

1.原料

鸽子肉300克,黄精30克,枸杞子20克,盐2克,料酒5克,味精1克。

2.加工方法

将肉鸽去内脏,洗净;黄精、枸杞子用纱布包好塞入鸽腹,放置砂锅中,用旺火煮开,撇去浮沫,再用文火煨2小时至鸽肉熟烂;加料酒、盐、味精,再煮片刻起锅。

3.功效

补肝益气,补肾强身。

（五）益寿鸽蛋汤

1.原料

鸽蛋100克,黄精10克,枸杞子10克,龙眼肉10克,冰糖50克(冰糖的用量可视口味增减)。

2.加工方法

将冰糖敲碎,放入碗内;枸杞子、龙眼肉、黄精均洗净切碎,锅中注入清水约750毫升,加入以上三味药物后中火煮沸并保持15分钟;鸽蛋打破后逐个下入锅内,同时将冰糖屑下入锅中,煮熟即成。

3.功效

营养丰富,补肝肾、益气血。对肺燥咳嗽、气血虚弱、智力衰退等症有疗效。本方可作肾虚腰痛、面黄羸瘦、年老体衰者的保健膳食。每天服1剂,连服7天。糖尿病患者不能加冰糖。

六 黄精党参炖猪肚

1.原料

黄精、党参各30克,陈皮15克,糯米150克,猪肚1具,盐、姜、花椒少许。

2.加工方法

将猪肚洗净;黄精、党参煎水取汁,陈皮切细粒,加盐、姜、花椒少许,一并与糯米拌匀,纳入猪肚,两端扎紧;放入锅内,加水适量,先武火后文火,炖烂即可。

3.功效

用于脾胃虚弱、少食便溏、消瘦乏力。

七 黄精当归牛肉汤

1.原料

黄精30克,当归12克,陈皮3克,黄牛肉250克。

2.加工方法

将黄牛肉洗净,切块;当归、黄精、陈皮洗净。全部用料放入锅内,加清水适量,先武火后文火,煲2~3小时,调味后食用。

3.功效

补血抗疲劳,强壮身体。

八 黄精鳝片

1.原料

黄精10克,鳝鱼500克,莴笋150克,生姜10克,料酒30克,淀粉20克,盐5克,白糖6克,味精2克,胡椒粉3克,麻油10克,植物油15克。

2.加工方法

将鳝鱼洗净,去头,片成薄片;黄精洗净,剁成细蓉;生姜洗净,剁成姜末;莴笋削皮,切片;将黄精蓉、盐、味精、胡椒粉、白糖、料酒、湿淀粉、肉汤调成汁。净锅置火上,放植物油烧至七成热,下鳝鱼片爆炒;快速滑散,随即下姜末、莴笋片炒几下;倒入调好的汁勾芡,淋上麻油装盘。

3.功效

补虚损,强筋骨,可使皮肤光滑、肌肉丰满。

九 黄精猪肘

1.原料

猪肘750克,大枣(干)30克,黄精20克,大葱15克,姜10克,盐5克,味精2克。

2.加工方法

将猪肘刮洗干净,放入沸水锅内焯去血水,捞出洗净待用;大葱、姜洗净,拍碎备用;黄精切成薄片,装入纱布袋中,扎口;大枣洗净、去核。以上原料一起置于砂锅中,加入适量清水煮沸后,撇去浮沫;改用文火煨至猪肘熟烂,加入盐、味精等调味即可,如图7-1所示。

图7-1 黄精猪肘

3.功效

具有补气养阴、健脾、润肺、益肾、补虚弱、填肾精、健腰膝的作用。

十 黄精羊心汤

1.原料

黄精15克,玉竹15克,羊心1个,盐、羊肉汤、胡椒粉适量。

2.加工方法

将黄精、玉竹清洗干净,切片;羊心洗净,除去筋膜,切薄片;将羊心、黄精、玉竹、盐、羊肉汤一同放入锅内煮至羊心熟烂,最后放入适量胡椒粉调味即成。

3.功效

解郁,宁心,安神。对患有忧郁、惊悸的患者尤为适用。

十一 黄精炖猪肉

1.原料

猪瘦肉500克,黄精30克,葱、姜、料酒、盐、胡椒粉适量。

2.加工方法

将猪瘦肉洗净,放入沸水锅中焯去血水,捞出切成块;黄精洗净、切片;葱、姜拍碎;将猪瘦肉、黄精、葱、姜、料酒、盐一同放入锅中,注入适量清水武火烧沸,改文火炖至猪肉熟烂,拣去葱、姜,用盐、胡椒粉调味即成。

3.功效

补中益气、润心肺。民间常用以治疗肺结核、肺痨咯血、病后体虚等。

十二 黄精灵芝蹄筋汤

1.原料

猪蹄筋200克,黄精15克,灵芝15克,黄芪18克,盐2克,料酒5克,大葱5

克,姜3克,胡椒粉1克。

2.加工方法

将黄精、灵芝、黄芪分别洗净,用水润透,用纱布袋装好,扎口。葱、姜拍碎。蹄筋放钵中,加水适量,上笼蒸约3小时,待蹄筋熟烂时取出,再用冷水浸漂2小时,剥去外层筋膜,洗净,切成长条。将蹄筋、药袋、葱、姜、盐、料酒一同入锅,加水炖到蹄筋熟烂,拣出药袋、姜、葱。用盐、胡椒粉调味即成。

3.功效

养颜益寿。

十三 黄精花炒鸡蛋

1.原料

鲜黄精花50克,土鸡蛋3～4枚,植物油、盐适量。

2.加工方法

将黄精花洗净,焯水,沥干,剁碎,鸡蛋打散,加入黄精花、盐,充分搅拌均匀。锅中放入植物油,加热至150摄氏度左右,倒入蛋液,炒至鸡蛋嫩黄即可,如图7-2所示。

图7-2　黄精花炒鸡蛋

3.功效

养心安神。

十四 凉拌黄精叶

1.原料

黄精嫩芽叶400克,麻油适量,盐少许。

2.加工方法

黄精嫩芽叶清洗干净,沸水中焯30秒,捞起摊凉、沥干,砧板上切碎,置瓷盘中加入盐、麻油,拌匀即可,如图7-3所示。

图7-3　凉拌黄精叶

3.特点

营养,保健,美味。

十五 黄精米粥

1.原料

黄精干15克(或鲜黄精30克)切细,大米50克,陈皮细末2克,冰糖适量。

2.加工方法

将大米洗净,加入黄精,加水500毫升,用文火煮至米开花,粥稠见油,加入陈皮细末、冰糖再煮片刻即可。每日早、晚空腹温热服食。

3.功效

补气益血、美容延寿,对体虚、气血不足者有疗效。

十六 黄精蜂蜜茶

1.原料

黄精片30克,蜂蜜30克。

2.加工方法

将黄精片放入瓦罐中煎煮半小时,药液过滤后冲化蜂蜜,搅拌均匀后即可饮用。

3.功效

消炎、祛痰、润肺止咳。

十七 黄精酒

1.原料

黄精片100克,枸杞子100克,50度白酒1 000毫升。

2.加工方法

将黄精片、枸杞子用纱布袋包好,扎口,加入白酒浸泡。15天后取出药袋,过滤装瓶,备用。也可直接将药、酒加入泡酒瓶中浸泡15天后,随饮随取。

3.功效

口服,每日2次,每次20毫升。补气益精,延年益寿。

十八 黄精五味酒

1.原料

黄精、白术、松针各50克,枸杞子、天门冬各75克,50度白酒1 000毫升。

2.加工方法

将药物、白酒一同加入玻璃瓶中,密封浸泡15天即成。

3.功效

每日早、晚各饮用一小杯(约15毫升)。补气益脾,润燥乌发。适用于面肢水肿、发枯变白、皮肤干燥易痒、心烦急躁而少眠等症。

十九 黄精延年酒

1.原料

黄精100克,苍术120克,天门冬90克,松叶180克,枸杞150克,50度白酒8 000毫升和蜂蜜适量。

2.加工方法

将黄精、苍术、天门冬、松叶、枸杞去杂洗净,黄精、苍术、天门冬切片,一起置于瓷坛内加白酒盖严,放入水浴锅使水淹至酒坛的4/5左右。炖煮至酒沸,用竹棒搅拌1次,兑入蜂蜜,继续炖至酒花迅速集中时离火。用油蜡纸或保鲜膜密封,放置3～4个月即可服用。

3.功效

口服,每日2次,每次15毫升。适用于中老年人须发早白、视物昏花、风

湿痹症、四肢麻木、腰膝酸软等病症。

此外,还有一些常见的黄精营养保健食谱,如黄精糕、炒黄精、黄精拼盘等。

(特别说明:以上所列食谱仅供参考,具体药用处方谨遵专业医嘱,对症使用。)

《食疗本草》云：（黄精）……根、叶、花、实，皆可食之。但相对者是，不对者名偏精。黄精除已经被广泛利用的根状茎外，其花、茎叶和须根也都具有较高的营养价值，可对其进一步开发利用。

▶ 第一节　黄精花的利用

一　黄精花的营养价值

据斯金平等研究，黄精花中的多糖含量约为黄精根茎的50%，平均达80毫克/克；黄精花中的皂苷含量与根茎相近，平均为42.85毫克/克；黄精花的总酚含量平均为45.41毫克/克，是根茎的2～7倍（平均4.5倍）；黄精花的DPPH（1,1-二苯基-2-三硝基苯肼，DPPH）自由基清除率（IC_{50}值）为1.77～3.25毫克/克，显著低于根茎，花的抗氧化活性显著高于根茎。黄精花中总氨基酸含量为111.85～131.03毫克/克，平均含量为121.39毫克/克，是根茎的2.3倍。氨基酸中人体必需氨基酸（EAA）含量占33.77%~35.71%，约为根茎的3倍。EAA中含量最高的是亮氨酸和缬氨酸，具有延缓疲劳、加速恢复运动消耗、提高运动表现的功效。研究结果表明，黄精花同样具有良好的营养保健功效，符合古代本草对于黄精"花胜于根"的记载描述。

黄精花中鲜味氨基酸（PtAA）平均含量为35.13毫克/克，甜味氨基酸（SwAA）平均含量为20.15毫克/克，芳香族氨基酸（ArAA）平均含量为48.57

毫克/克。因此,黄精的花香甜味美,是不可多得的人间美味。

黄精花还含有大量矿物质元素,不仅含有钙、镁、钾、钠、磷等常量元素,还含有铁、锌、硒、铬、钴、锰、钼等微量元素。

二 黄精花的利用

不准备采收种子的黄精,可以在开花前采摘花蕾。采摘花蕾还可以减少黄精种子生长发育的养分消耗,促进地下根茎生长,提高黄精产量。花蕾采摘应在晴天上午露水干后进行,去掉枝梗等杂质,清洗、沥水,用蒸汽或沸水浸烫30秒,放入冷水中漂洗降温,然后沥水、晒干或烘干。鲜食可以置沸水中焯一下,再凉拌或炒鸡蛋、煲汤等。

黄精花的采摘与加工可参照菊花、金银花等生产加工技术规范。

▶ 第二节 黄精嫩芽的利用

一 黄精嫩芽的营养价值

据斯金平等研究,黄精嫩芽中含有丰富的多糖、蛋白质、氨基酸、总酚等,据测定,其中多糖含量为2.34% ~ 12.73%,约占根茎的1/3;蛋白质含量为107.75 ~ 192.49毫克/克, 为根茎的5.50倍; 总氨基酸含量为193.13 ~ 248.74毫克/克,为根茎含量的4.16倍,人体必需氨基酸占总氨基酸含量的35.57% ~ 39.44%,接近FAO/WHO提出的理想蛋白质标准(必需氨基酸/总氨基酸在40%左右),味觉氨基酸(TaAA)含量为160.12 ~ 208.29毫克/克,揭示了历代《本草》"初生苗,味极美"的物质基础;总酚含量51.21 ~ 58.76毫克/克,平均含量为54.56毫克/克,是根茎的2.96倍,对DPPH自由基清除率均在95%以上,明显优于根茎。与常规蔬菜相比,多花黄精嫩芽中多糖、蛋白质、氨基酸、总酚含量明显高于常见蔬菜。因此,多花黄精嫩芽是一

种优质的野菜,具有极大的开发潜力。

二 黄精嫩芽的利用

1.嫩芽采摘

当黄精地上茎伸长约80%,在晴天上午露水干后,摘取上部1/3左右的幼嫩茎叶,保留中下部叶片。鲜食可以直接供应市场。

2.加工

整理去杂后,清洗干净,放沸水中烫30秒,然后置冷水中冲洗降温,再冷冻保鲜。亦可晒干或烘干,包装贮存。

三 注意事项

以根茎为采收目标的黄精不宜采摘嫩芽;作为采摘嫩芽的黄精应增加种植密度,加强肥水管理,增加氮肥用量;对于黄精嫩芽的采摘要注意适度,只能采摘1/3左右,否则会严重影响黄精地下根茎的生长。黄精嫩芽的采摘与加工可参照蔬菜生产加工技术规范。

▶ 第三节 黄精须根的利用

一 黄精须根的营养价值

据王曙东等对黄精根状茎、须根进行测定,其总多糖含量分别为12.85%、4.08%,根状茎中游离氨基酸与水解氨基酸含量分别为1 199.66微克/克、74.598毫克/克,须根中游离氨基酸与水解氨基酸含量分别为4 119.86微克/克、101.074毫克/克。须根中总多糖含量是根状茎的1/3,游离氨基酸与水解氨基酸含量比根状茎分别高340%、135.4%。因此,黄精须根是黄精生产中具极大开发利用价值的副产品。

二 黄精须根的收集

黄精的产地初加工,清除须根通常有两种方法:一种是在清洗挑选过程后采用脱毛机脱去须根;另一种是在蒸晒过程中,利用须根失水干燥后易脱落的特点,结合对根状茎的翻动、整理,清除须根。

收集的新鲜须根,可以采用与黄精根状茎同样的方法蒸制后晒干或烘干。其初加工技术可参照黄精的生产加工技术规范。

三 黄精须根的利用

由于黄精须根中含有几乎与根状茎相近的营养成分,所以须根可以用于除九制黄精和黄精茶以外的产品加工中,如黄精芝麻丸、黄精糕、黄精酒及原汁萃取等。

四 注意事项

在黄精须根的收集和利用方面要注意以下事项:一是在黄精采挖过程中,其根茎中常混有其他植物的根茎等杂质,应注意清除,保证其纯正;二是要注意清除泥沙。

第九章

黄精的产品包装及储运、档案管理

黄精是一种生活中比较常见的滋补中草药,可以用来煲汤、煮粥、泡酒等。新鲜黄精经过加工炮制,既能改善黄精的食用口感,也能增加黄精的滋补功效。那么,新鲜黄精和炮制的黄精及产品应该如何正确保存呢?

黄精系列产品均应按照中药材/饮片或食品用途分类储存管理。仓库管理人员要掌握必要的中药材生产、加工等基本知识,了解黄精的性状、特性和贮存要求。将库存原料和产品进行分类、分区存放,产品标签标识清楚。出入库管理台账明晰,账、物相符。进行严格的日常检查管护,防止虫鼠为害或霉变损失。发现问题及时汇报、处理,并填写记录。

要建立完善的物资贮存管理制度,对原料购进、验收、储存、出库复核及售后服务等进行规范化管理。

▶ 第一节　黄精的产品包装

一　黄精鲜根的保鲜

黄精新鲜根茎中含有大量水分、糖分,易发霉、生虫。黄精采挖后,应及时除去杂质,运抵加工场地。鲜黄精要尽快加工,可以生切晒干,也可以蒸制加工,或制作其他产品。

有条件可以采用冷藏保鲜,低温可以抑制微生物的滋生,减少根茎呼吸消耗和水分散失,保存时间相对更长。

如果不能及时加工,不要堆垛,要打开袋口,放在通风仓库,避免发热腐败。

（二）黄精加工系列中间体的暂存包装

九制黄精和黄精芝麻丸等生产过程中,要经历多次蒸晒,受天气等因素影响,一般需要4~6周甚至更长的时间才能完成,其中间体如果贮存不当,极易发霉变质。

一般初始蒸晒的黄精或芝麻、黑豆等,在天气良好的情况下,可以直接在晒架上摊晾;若遇阴雨天气,应及时收入单层铝箔或双层铝箔周转袋,或放进搪瓷、陶瓷、304不锈钢等可密闭的容器中,置于2 ~ 10摄氏度冷库中暂存,必要时也可采取烘干措施,防止霉变。常用的聚乙烯薄膜袋,因其气密性差,不建议使用,以防霉变发生。

（三）黄精加工系列产成品的包装

对蒸黄精、炙黄精、酒黄精制作的黄精、熟制黄精原料应密闭,置阴凉干燥处,防潮、防蛀、防霉变。

1.黄精饮片的包装

黄精饮片的包装应符合《中国药典》(2020年版)中的相关规定。

2.食用黄精干的包装

食用黄精干是黄精加工的初级产品,产量最大。因其含有大量糖分,极易吸潮霉变,故包装应采用双层编织袋,内胆用双层铝箔膜制作。每袋以不超过25千克为宜。按照有关规定,设置内、外标签,标示可追溯全部生产信息的二维码。

（四）黄精茶、九制黄精、酒黄精和黄精芝麻丸的包装

应符合《中华人民共和国食品安全法》及《预包装食品营养标签通则》

规定。内包装可采用双层复合铝塑膜,必要时可加抽真空;外包装可采用纸盒或听、罐等。

五 其他要求

一是包装设计要简洁大方,不得过度包装;产品说明不得夸大宣传功效。

二是有关国家地理标志、农产品地理标志、有机食品标志的使用,要分别取得相关管理机构的许可,不得擅自使用,并随时接受相关部门的资格审验。

▶ 第二节 黄精的仓库管理

一 分库贮存

鲜黄精贮存要单独仓库存放,要通风、防晒、防雨淋;打包的鲜黄精一定要打开包装袋,保持透气,防止霉变腐烂。分垛堆放,不能堆码挤压。春夏季采挖、收购的黄精要立即进行分拣、加工。短期存放的可以采用竹筐或塑料筐存放;需要长时间存放的种茎应当沙藏或假植。

贮存黄精干的仓库应当高燥,有防虫、防鼠害设施,干净、密封。有条件的应安装自动温湿度控制系统。高架存放,与地坪、墙、屋顶间距均不小于30厘米。垛与垛、品种与品种之间的间距应严格执行《物资贮存规程》的规定,避免不同品种之间混淆。

九制黄精、黄精芝麻丸、黄精茶等黄精成品要及时置密封桶或食品袋中密封贮存,有条件的可置冷库中贮存(2～10摄氏度,相对湿度45%～75%)。

二 日常管护

要经常进行仓库检查,发现产品有吸潮现象,应及时通风、降温、排湿;受潮产品要及时采取日晒或烘干等措施进行干燥处理,防止霉变。发现鼠患或虫害要及时采取措施进行杀灭处理。

▶ 第三节 黄精的运输管理

黄精的新鲜根茎运输要采用塑料筐、竹筐或编织袋进行盛装,采用清洁无污染的车辆运输,严禁与有毒有害、污染物混装运输。具体可参照根茎类蔬菜运输要求操作。拟作种苗使用的根茎要用塑料筐、竹筐等器具存放,上下车要小心轻放,严禁野蛮装卸,不可堆垛、踩踏,防止根茎芽头受伤;远距离运输要采用冷藏车,3天内送达目的地。

黄精干或其他黄精深加工产品(商品)要按照食品、药品类商品运输规定运送。

▶ 第四节 黄精生产的档案管理

对品种、原产地、种植管理信息,以及加工、运输、销售信息等建立详细档案。建立黄精生产档案的目的,就是掌握黄精栽培、加工的过程,记录各项技术措施及应用效果,为今后的生产和加工积累经验;完善黄精生产加工产业链的全程可追溯制度,实现"生产有记录、流向可追踪、质量可追溯",从而健全黄精生产质量控制体系,提升人们的质量意识和品牌意识。

一 生产单位基本信息

1.生产档案管理单位

黄精生产档案的管理单位,可以是县级农业主管部门,也可以是生产企业。要求确定专人负责。

2.档案管理内容

生产单位:包括农业生产企业、生产合作社、种植农户等。

地理信息:产地的经度、纬度、海拔和小地名、地块面积等。

品种信息:品种名称、种苗来源(地点、单位、联系人信息等)。

建档信息:产地编号、建档日期、管理责任人、联系电话等。

二 生产档案记录事项

1.投入品台账

投入品包括农用大棚膜、地膜、种子、肥料、农药、保鲜剂、防腐剂、添加剂及其他有关生产资料。

2.田间农事操作记录

农事操作包括土壤和种子消毒,催芽,整地、播种,假植、定植、修剪整枝、人工授粉、病虫害防治(含激素使用)、施肥(基肥、追肥、叶面肥等使用),除草、浇水和采收等农产品生产过程中的农事操作行为。

3.禁止和限制使用的农药名单

提示生产中不可使用的农业投入品。

4.产品销售记录

记录各批次产品的销售去向。

5.档案管理要求

生产单位应根据档案记录的要求记载事项,如实认真详尽填写,不得随意涂改和伪造,自每册记录结束日起保存5年。有条件的单位要建立电子档案,长期保存。

第十章 黄精产业发展问题分析与可持续发展建议

黄精食药两用,富含黄精多糖、皂苷、人体必需的氨基酸和多种微量元素,具有补中气、强筋骨、降"三高"、有效增强人体免疫功能等功效,市场需求量越来越大,黄精产业进入了快速发展时期,各地掀起了黄精产业的热潮。与此同时,黄精栽培与加工中的各种问题也开始出现。

▶ 第一节 黄精产业发展中的难点问题分析

一 种质资源保护、利用重视不够

目前各地黄精栽培的种苗来源多为野生黄精。人们对黄精资源的保护意识较差,大小全部挖光,对野生黄精资源破坏严重。农户采挖回来的野生黄精多种多样,不仅有药典中规定的黄精,也有非药典种类,同种黄精也有不同的生态类型,叶形、株高不一,根状茎更是多种多样,田间表现参差不齐。而且采挖时间不一,品质差异大,不利于分级加工,难以保证品质稳定。因此,对黄精进行优良品种的选育,保证栽培药材基源统一,是当前发展黄精种植的关键之一。

二 规范化种植技术不成熟

一是黄精的种苗繁育、栽培技术还没有规范化的操作流程,农户种植还停留在普通农作物的种植水平上,栽培管理多凭个人经验,随意性强,

出现的问题也较多。

二是技术人才较匮乏。主管部门、市场主体普遍缺乏相关的技术人才尤其是高端人才,创新能力薄弱,限制了对黄精种植管技术的探索研究。

三是栽培、加工机械化程度低。黄精产业仍然是一种劳动密集型产业,在种植、收获、加工过程中仍然以手工操作为主,劳动力日益紧缺和劳动力成本的增加,极大地限制了黄精产业的发展。急需科研院所、黄精种植者和加工企业等共同合作,开发黄精播种、除草、收获、加工等关键环节的机械化、标准化设备设施,以提高生产效率和经济效益。

（三）黄精加工技术不规范

一是黄精加工原料来源不一。由于地理标志黄精或药典黄精供不应求,一些加工企业为了满足生产和市场需求,将来自外地的黄精冒充地理标志黄精加工销售,甚至将非药典黄精进行加工。

二是加工技术不规范,缺乏产品技术标准。"九制黄精"的加工,每次蒸、晒多长时间,都是凭各人经验,没有具体的科学数据。由于原料产地、采收时间不同,加工工艺不规范,同一企业的产品每一批次都有明显差异。至于"黄精芝麻丸"更是五花八门,由于没有相关技术标准,用什么黄精,配比是多少,均由加工者随意投放。

综合考虑黄精制品的内在质量和外在感观,建立科学规范的加工技术标准势在必行。

（四）深加工能力不足,产品档次较低

目前国内市场上常见的黄精产品主要有九制黄精、黄精茶、黄精饮片、黄精芝麻丸、黄精冲剂、黄精酒、黄精酥、黄精糖等。科技含量高、附加值高、竞争力强的拳头产品较为匮乏,没有市场主导产品,产品的深加工还有很大的空间待开发。黄精产品研发加工存在严重的自发性,生产工

艺及制剂技术水平较低,研究开发技术平台不完善,创新能力较弱。

黄精在提高机体免疫能力、抗肿瘤、抗衰老、抗病毒、降糖等方面的作用已为现代医学所证实。因此,研制具有良好免疫调节作用的新型免疫调节药及抗HIV病毒、抗肿瘤、抗衰老新药,应成为今后黄精产品开发研究的主要方向,同时要兼顾保健食品和化妆品的研究,实现黄精的综合利用。

五 销售市场亟待规范

一是产品质量技术标准尚未完善。现行标准中对黄精的产品需要达到哪些指标未做具体规定,市场上的黄精产品质量参差不齐,线上销售更是鱼龙混杂,商品价格有的甚至相差几十倍。

二是标志使用较混乱。在地理标志和有机食品等标志的使用上不够规范,对于企业使用产品标识需要加强审核管理。

▶ 第二节　黄精产业可持续发展的建议

一 科学利用野生种质资源,实施黄精种子工程

设立珍稀野生植物(黄精等)资源保护区,保护利用野生植物种质资源。在野生资源相对丰富的地区建立黄精种质资源保护区,划定保护区范围和保护目录,制定管理规范,确定专人管理。

利用野生黄精资源时,要采大留小,避免大小统挖;加强保护区林地生长环境管理,特别是光照条件的调控,促进保护区野生黄精的生长繁殖,确保资源永续利用。

加强黄精种质资源的异地保护,建立种质资源圃。针对当前黄精等野生资源濒临枯竭的情况,有关科研单位和规模种植加工企业,要积极建

立黄精种质资源保护基地,建立资源圃。

在保护资源、建立资源圃的基础上,加快良种的繁育,保证优质种苗的供应,尤其要杜绝非药典基源黄精种的盲目引种、栽培与使用。

建立以多糖、甾体、皂苷等标志性成分含量为首选指标,综合产量、光照适应能力、抗病能力等农艺性状指标的质量评价体系;利用各种优良种质资源,采用现代育种技术,开展黄精优良品种的培育工作,培育出一批适应本地区栽培的优质、抗病、丰产的黄精品种。

积极探索、突破黄精组织培养技术;利用成熟的种苗繁育技术,大力培育优质黄精种苗,满足生产上对种苗的大量需求,减少对野生黄精资源的依赖和破坏。

二 加强人工栽培关键技术研究

以黄精药材品质、产量和性状为主要指标,探明品种、环境因子以及其交互作用对黄精标志性物质与产量的影响,分析优质道地黄精的成因,集成光照调控、立地控制、密度控制等关键技术,提出栽培技术规范。重点突破黄精林下栽培技术和原生态栽培技术,使黄精栽培回归自然。

三 推广规范化种植技术,建立和完善产品质量可追溯制度

积极推进企业与高校和科研院所产学研用合作,推广应用《多花黄精栽培技术规程》,促进黄精基地规范化种植。从栽培环境、规范生产、精深加工、包装销售全产业链入手,管控主要活动和关键节点,建立标准化种植和加工台账,构建具有栽培品种标识、产地环境标识、加工生产标识以及明确的效用标识,实现种植、加工、销售全程可追溯。

四 深化产品研发

加快黄精产品转型升级,推动产品精深加工,拓宽黄精产品开发、应

用领域,提高产品附加值,延伸产业链,提高综合开发能力和市场竞争力。

（五）加快人才引进、培养

推进企业与高校和科研院所产学研用合作的同时，加强有关黄精产业的人才培养,打造一支科研队伍。加强基层农技推广队伍建设,开展技术培训,提高黄精规范化种植水平,实现提质增效。

（六）实施品牌战略

一是抓紧研究制定相关技术标准。加快黄精种植与产品加工相关标准的制定,加强黄精品质指标研究,建立以多糖、甾体皂苷等标志性成分含量为主要指标的评价体系,确保黄精产品正宗、质量可靠。

二是发挥行业协会作用。充分发挥行业协会和产业联合体的平台作用,加强企业间的沟通协调,深入内部合作,对黄精地理标志标识使用、黄精产品品牌保护等进行具体研究。

三是促进产品质量认证。鼓励企业积极申报绿色和有机食品认证,积极申报著名商标、名牌产品,积极创建标准化示范基地。

四是宣传推介与旅游康养相结合,将黄精宣传推介与旅游、养生、饮食服务业、文化等有机融合,丰富产品文化内涵,扩大消费者对黄精的认知范围,真正将黄精打造成中国人的健康食品。

参 考 文 献

[1] 国家药典委员会.中华人民共和国药典(一部)[M].2015年版.北京:中国医药科技出版社,2015.

[2] 安徽植物志协作组.安徽植物志 第五卷[M].合肥:安徽科学技术出版社,1992.

[3] 李金花,周守标.安徽黄精属植物的研究现状[J].中国野生植物资源,2005,24(5):17-19.

[4] 程鹤,刘峻麟,徐君,等.安徽省多花黄精适生区研究[J].中国中医药信息杂志,2021,28(9):6-10.

[5] 斯金平,刘京晶,陈东红,等.黄精[M].北京:中国林业出版社,2020.

[6] 金利泰,姜程曦.黄精:生物学特性、应用及产品开发[M].北京:化学工业出版社,2009.

[7] 陈龙胜,董先茹,蔡群兴,等.多花黄精组培育苗技术[J].江苏农业科学,2018,46(20):33-36.

[8] 张瑜,包康佳,倪穗,等.黄精种子萌发及组培技术研究[J].中国野生植物资源,2019,38(1):21-26.

[9] 姜程曦,李校堃.中药材GAP操作实务:药用植物类[M].北京:化学工业出版社,2014.

[10] 王曙东,吴晴斋,李汉保.黄精根茎、须根中营养成分的研究[J].时珍国药研究,1995,6:14-15.

[11] 王晓慧,赵祺,姜程曦.九华黄精品种考证及其质量控制研究[J].人参研究,2018,30(4):16-19.

[12] 王晓慧,赵祺,李帆,等.九华黄精标准化生产操作规程[J].热带农业工程,2019,43(1):130-132.

[13] 鲍康阜.九华黄精的GAP栽培技术规程[J].安徽农业科学,2018,46(4):

43-44, 52.

[14] 王占红.黄精营养特性及配方施肥技术研究[D].杨凌:西北农林科技大学,2012.

[15] 杨美玖,邢中华,陈超,等.近4年青阳气温对九华黄精生长适宜性研究[J].农业灾害研究,2020,10(1):45-46.

[16] 樊艳荣,陈双林,杨清平,等.毛竹林下多花黄精种群生长和生物量分配的立竹密度效应[J].浙江农林大学学报,2013,30(2):199-205.

[17] 李小沛,张亚玉,赵立春,等.黄精的化学成分和药理作用研究进展[J].植物学研究,2017,6(5):255-261.

[18] 赵文莉,赵晔,Yiider Tseng.黄精药理作用研究进展[J].中草药,2018,49(18):4 439-4 445.

[19] 鲍康阜.黄精白绢病的发生与综合防治[J].现代农业科技,2016(16):114,117.

[20] 周先治,苏海兰,陈阳,等.多花黄精主要病害发生规律调查[J].福建农业科技,2017(10):25-27.

[21] 强胜.杂草学[M].2版.北京:中国农业出版社,2011.

[22] 刘爽,胡舒婷,贾巧君,等.黄精的化学组成及药理作用的研究进展[J].天然产物研究与开发,2021(10):1 783-1 796.

[23] 李德胜.多花黄精林下栽培技术[J].现代农业科技,2015(10):93,101.

[24] 施吉祥,徐希明,余江南.黄精多糖提取工艺、结构及药理活性研究进展[J].中国野生植物资源,2019,38(2):36-42.

[25] 李九九,赵成仕,汪光军,等.九华黄精9蒸9晒加工过程中重金属含量的变化及安全性[J].食品安全质量检测学报,2020,11(19):6 862-6 866.

[26] 伏有为,李彦妮,陈文军.黄精速溶粉抗氧化活性及对氧化损伤小鼠的保护作用[J].食品研究与开发,2018,39(14):182-186.

[27] 陈辉,冯珊珊,孙彦君,等.3种药用黄精的化学成分及药活性研究进展[J].中草药,2015,46(15):2 329-2 338.

[28] 陈立娜,高艳坤,都述虎.黄精质量标准的研究[J].中药材,2006,29(12):1 367-1 369.

[29] 谢敏,李伟,李佳欣,等.多花黄精组织培养快速繁殖技术组培研究[J].

安徽农学通报, 2019, 25(5):20-21.

[30] 刘红美, 方小波, 夏开德, 等. 多花黄精组织培养快繁技术的研究[J]. 种子, 2010, 29(12):13-17.

[31] 田怀, 侯娜. 黄精组织培养快繁技术体系建立的研究[J]. 南京师大学报(自然科学版), 2020, 43(3):129-135.

[32] 秦宇雯, 张丽萍, 赵祺, 等. 九蒸九晒黄精炮制工艺的研究进展[J]. 中草药, 2020, 51(21):5 631-5 637.

[33] 吴媛媛, 徐庆国. 多花黄精的生物学和经济价值研究进展[J]. 安徽农业科学, 2017, 45(34):128-130.

[34] 陈宇, 周芸湄, 李丹, 等. 黄精的现代药理作用研究进展[J]. 中药材, 2021, 44(1):240-244.

[35] 杨冰峰, 胥峰, 李淑立, 等. 黄精化学成分·生理功能及产业发展研究进展[J]. 安徽农业科学, 2021, 49(11):8-12.

[36] 杨婧娟, 张希, 马雅鸽, 等. 发酵对黄精主要活性成分及其抗氧化活性和刺激性的影响[J]. 食品工业科技, 2020, 41(2):52-58.

[37] 林开中, 熊慧林. 黄精炮制方法的研究[J]. 中国药学杂志, 1988, 23(1):47.

[38] 冯敬群, 侯建平, 吴建华, 等. 黄精不同炮制品的毒性有及浸出物对比研究[J]. 陕西中医学院学报, 1991, 14(4):35-36.

[39] 廖承树, 叶炜, 周建金. 基于文献信息的黄精最佳采收时间和加工方法分析[J]. 江苏农业科学, 2021, 49(14):45-49.

[40] 华小好, 张凤英, 马定耀, 等. 黄精炮制方法研究[J]. 中国保健营养(上旬刊), 2013(11):6 667-6 668.

[41] 杨许琴, 江雅, 朱勤. 池州市九华黄精产业发展现状与可持续发展的建议[J]. 安徽农学通报, 2020, 26(8):23-25.

[42] 肖倩, 姜程曦. 安徽省黄精产业经济发展分析[J]. 安徽农业科学, 2017, 45(31):216-218, 246.

[43] 姜程曦, 洪涛, 熊伟. 黄精产业发展存在的问题及对策研究[J]. 中草药, 2015, 46(8):1 247-1 250.